U0175430

5G

干部读本

中国信息通信研究院　编写

人民出版社

人民邮电出版社
POSTS & TELECOM PRESS

编 委 会

写 作 组

组　长： 王志勤

副组长： 史德年　辛勇飞　何　伟　刘铁志　王　威

成　员： 金夏夏　魏克军　胡昌军　李　珊　韩凯峰　张春明

王骏成　陈　才　汤辰敏　汪卫国　杨　凌　杨红梅

刘小林　杜加懂　王亦菲　闻立群　陈　曦　葛雨明

任海英　李泽捷　周　旗　刘晓峰　周　兰　邸绍岩

丛瑛瑛　鲁长恺　张竞涛　张天静　马　聪　王　琦

侯伟彬　周　洁　胡可臻　宫　政　张佳宁　韦柳融

刘　杰　黄　璜　赵　霞　刘媛媛　黄涂半特

龚达宁　詹远志　张　杰　张芳纯　胡时阳　付　江

侯文竹　王雪梅

序

放眼全球，新一轮科技革命和产业变革加速兴起，新一代信息技术发展日新月异，5G、卫星互联网等新一代网络基础设施持续演进，工业互联网、物联网、车联网等新型网络形态不断涌现。5G作为通用型技术，具有战略性、基础性、先导性，正赋能千行百业，展现出巨大的发展潜能，成为科技创新加速器、产业转型催化剂和数字经济新引擎。党中央、国务院高度重视5G发展，习近平总书记强调要"加快5G网络、数据中心等新型基础设施建设进度"，大力拓展5G应用，积极打造新的经济增长点，不断增强发展新动能。

4G改变生活，5G改变社会。5G具有十倍于4G的峰值速率、毫秒级的传输时延和千亿级的连接能力，这使得5G时代的移动通信技术将从之前主要应用于人与人通信，拓展到应用于人与物、物与物之间的通信，实现万物泛在互联、人机深度交互。未来，5G应用将不断向工业、交通、能源、农业、医疗等各垂直行业延伸，智能工厂、自动驾驶、智能机器人、无人机、智慧城市等应用得到长足发展，给经济社会带来翻天覆地的新变化。

船到中流浪更急，人到半山路更陡。当前，我国经济已由高速增长阶段转向高质量发展阶段，正处在转变发展方式、优化经济结构、转换增长动力的攻关期；同时，2020 年我国还面临着百年一遇的新冠肺炎疫情给经济社会发展带来的严峻考验。以 5G 为代表的新基建是稳投资、扩内需、拉动经济增长的重要途径，也是促升级、优结构、提升经济发展质量的重要环节。我们必须紧抓 5G 发展历史机遇，坚定创新自信，乘势而上谱新篇。一是着力构建新型基础设施。加快 5G、工业互联网、物联网等数字基础设施建设，打造 5G 精品网络，促进智能交通、智慧能源等传统基础设施数字化、网络化、智能化转型升级，对经济社会发展形成长久支撑。二是着力推动信息网络技术与实体经济特别是制造业深度融合。加快制造、交通、医疗等重点领域应用率先突破，推进 5G 在公共服务领域广泛应用，大力培育新产品、新业态、新模式，繁荣发展数字经济。三是着力打造创新引领的现代产业体系。加速数据、科技、金融、人力资源等生产要素向先进生产力聚集，培育壮大 5G 等新兴产业，以"一业带百业"，促进先进制造业与现代服务业协同发展，推动我国产业加快迈向全球产业价值链中高端。四是着力深化开放合作。坚持走国际化发展道路，秉持开放、合作、共赢理念，与全球产业界共同推动 5G 发展，凝聚发展共识，共享发展成果，让 5G 更好地服务于全人类。

勇立潮头攀高峰，奋发有为正当时。5G 商用已全面开启，社会各界人士对 5G 带来的新变化充满期待。为了让广大领导干部和社会各界人士更好地了解 5G、关注 5G、运用 5G，我们组织编写了《5G 干部读本》一书。本书主要有三个特色：一是视角的全面性。书籍从历史、当前和未来多个时间维度，国际、国内多个空间角度，以及技术、政策、产业、应用等多个环节，解析 5G 发展历程、态势及趋势。二是内容的准确性。本书由主管部门领导和业内专家指导，写作组成员以及提供案例的伙伴方均是参与 5G 发展过程的个人或单位，在相关材料的准备中进行了多次讨论和征求建议，力求做到相对准确权威。三是行文的易读性。本书依托 IMT–2020（5G）推进组、5G 应用产业方阵等行业组织汇集了大量最新案例及数据，生动描绘出 5G 技术产业发展及在经济、民生、治理等方面的应用进展图景，理论与实践相结合，便于理解。

期待本书能为领导干部和广大读者掌握 5G 相关知识提供有益参考，同时欢迎对本书及 5G 发展提出宝贵建议。我们将与各界一道，为推动 5G 持续赋能我国数字经济与智能社会发展积极贡献力量。

刘　多

2020 年 9 月

目　录

前　言
"浪潮之巅"的 5G

当前，新一轮科技革命和产业变革正在重塑全球经济结构，深刻改变人们生活，以数字经济为代表的新经济快速发展，数字化转型席卷全球。5G 作为新一代信息通信技术领域的引领性技术，是新型基础设施的核心内容，处于新时期科技革命和产业变革的"浪潮之巅"。党中央、国务院高度重视 5G 发展，习近平总书记多次作出重要指示，强调要"推动 5G 网络加快发展""加快 5G 网络、数据中心等新型基础设施建设进度"。5G 正在加速开启万物互联新时代，为科技创新、经济发展、社会进步带来新的机遇。

纵观人类历史发展，信息通信技术变革正成为第四次工业革命的关键驱动力。从原始社会到农业社会，再到工业社会，通信技术的变革、通信方式的演进，不断突破时间与空间制约，拉近人与人之间的"时空距离"，扩大人们的活动范围，推动人类繁荣发展和文明进步。今天，第四次工业革命是全新的信息技术与工业深度融合的革命，驱动社会前进的不仅是电力和石油要素，5G 作为数据联通的重要方式、新工业革命的重要力量，将对进一步解放生产力、重构生产关系产生重大而深远的影响。

未来，随着万物互联时代的到来，5G 将引领经济社会步入全连接、大融合、大数据的新时期。

自 20 世纪 80 年代起，移动通信保持着"十年一代"的演进规律，1G 到 4G 每一次代际跃迁都会大幅提高数据传输速率，催生无数新应用、新模式，打电话、发短信、看图片、听音乐、移动支付、网约出行、直播短视频，通信与计算不断融合，孕育了消费互联网经济。5G 新一轮通信技术代际跃迁，具有里程碑式意义，5G 寻求的不只是速度的突破，无线互联价值也只是"冰山一角"，5G 与众多垂直行业深度融合带来全新商业模式的重大变革，将进一步消除物理世界和数字世界的界限，实现一个完全移动、互联、融合的经济社会。

环顾全球，5G 发展受各国政府和产业界关注。当今，世界经济日益依赖科技创新，5G 地位日趋提升，作为万物互联的新纽带和信息承载的新网络，世界主要国家纷纷布局、加快发展，积极推动 5G 研发、建设及应用。5G 是科技创新带来的重大发展机遇，发展 5G 直接关系到经济社会的高质量发展及人们对日益增长的美好生活追求。

那么，作为一种新兴技术产业，5G 与 4G 有哪些不同？在技术变革和经济社会影响上又产生了哪些重大变化呢？

5G 相比 4G，其标准制定、技术特性和应用空间都将发生重大变革。一是 5G 标准实现了全球统一，将大大助力 5G 的广泛应用。3G 时期有 3 种国际标准，4G 时期有 2 种国际标准，5G 时代全球统一标准已成事实，统一的 5G 标准有利于统一全球技术创新方向，更能够有效降低企业创新成本，对整个 5G 产业发展起着巨大推动作用，对全球产业链合力具有重大意义。二是 5G 将实现"超高速率、超低时延、超大连接"。相比 4G，5G 的峰值速率达 10—20Gbit/s，是 4G 的 10 倍以上；5G 可实现低至 1 毫秒的无线传输时延，只有 4G 的 1/5；支持每平方千米百万连接数密度，是 4G 的 50 倍。三是 5G 时代应用更丰富，前景更广阔，赋能千行百业，将出现大量网联终端、新应用、新业态，应用场景也将由 4G 时代的消费互联网拓展到产业互联网。

当前，5G 已具备规模化建设条件。短中期来看，5G 为经济增长注入新动能。一是稳投资、对冲经济下行风险。根据中国信息通信研究院测算，预计到 2025 年，我国 5G 网络建设直接投资累计将达到 1.2 万亿元。5G 网络建设将带动产业链上下游以及各行业应用投资超过 3.5 万亿元。二是促消费、激发信息消费潜力。直接推动 5G 手机、智能家居、可穿戴设备等产品消费，带动超高清视频、云游戏、在线教育、远程办公等新型信息服务，成为扩大内需的新动力。预计到 2025 年，5G 商用将给中国带来超过 8 万亿元的信息消费。三是增就业、创造新型就业机会。5G 不仅带动移动通信产业就业，催生更多行业融合创新、新型服务岗位，还将培育基于在线系统、共享经济平台的灵活就业模式。预计到 2025 年，5G 将为我国直接创造超过 300 万个就业岗位。

长期来说，5G 正全面构筑数字基础设施，打通信息流动"大动脉"，成为经济社会数字化转型发展新基石。一方面，5G 将引领科技创新，助力经济高质量发展。5G 直接带动芯片、元器件、软件、终端等信息通信技术产业演进升级，与制造、能源、生物等技术交叉融合，间接推动以绿色、智能、融合为特征的群体性技术突破，不断壮大数字经济，开启万亿级市场新空间，实现消费互联网和产业互联网经济双轮驱动。另一方面，5G 将深刻改变人们生产生活方式，创造美好生活新体验。超高清视频、虚拟现实、浸入式游戏等带来高度沉浸、强交互、更加极致的"身临其境"式体验，智能工厂、远程医疗、自动驾驶等将变为现实，创新出新的生产生活方式。同时，5G 还将创新社会治理模式，促进国家治理体系和治理能力现代化。5G 应用于电子政务、智慧城市的建设，实现城市空间、生态环境、经济社会的立体全面感知，助力形成以数据为驱动的政府决策机制，推动社会治理模式、治理手段和治理过程的数字化、网络化、智能化变革，促进政府决策科学化、社会治理精准化，让城市社会更聪明、更智慧。

5G 发展是一项系统性工程，5G 美好愿景的实现需要经过长期的持续推进，并在此过程中不断积累、持续突破，不能一蹴而就。一方面，5G 技术标准的形成、终端设备的更迭、产业生态的繁荣等都是一个长期演进和逐步完善的过程；另一方面，5G 应用尚处于发展初期，行业应用解决方案和商业模式仍需探索，实现规模化应用仍有待时日。当前，全球 5G 发展虽进入商用加速期，但仍面临技术创新、应用突破、生态构建等诸多挑战，发展 5G 必须要有以点带面、串点成线的韧劲，持之以恒、久久为功的务实态度，才能在善作善成中持续开创新局面。我国一直是全球移动通信发展的参与者、贡献者和建设者，经历了 1G 空白、2G 跟随、3G 突破、4G 同步、5G 创新发展，5G 已成为中国科技创新发展的一面旗帜，在未来 5G 研发与产业化进程中，也将持续为促进全球 5G 的进一步发展，积极贡献中国方案、中国智慧。

到底什么是 5G ？5G 如何改变生活、改变社会？我们将与大家一起全面深入探讨，探寻移动通信技术的诞生、历史脉络与发展演进规律，总结 5G 技术特征与典型应用，剖析 5G 产业链全景，讲述 5G 标准化故事，把握全球主要国家和地区 5G 产业发展态势，看看进入 5G 时代将给人们生活带来哪些变化，展望后 5G 时代的发展蓝图。希望能够在 5G 大规模应用前让社会各界人士更好地了解 5G，以期凝聚 5G 发展共识，加快 5G 商用步伐，抢抓 5G 发展历史机遇，共同推动 5G 可持续健康发展，造福全人类。

　　展望未来，未知大于已知，一切皆有可能。5G 及后 5G 时代的创造力必将超越今天的想象。5G 将创造智能交通、智慧城市、智能家居、全息影像、云游戏、云视频、云办公等无限科技生活，未来一切数据、计算在云端，连接、赋能在身边，真正开启万物互联新时代。5G 及未来移动通信也必将引领新时期工业革命进程，持续驱动科技革命和产业变革，加速数字化转型，推动社会进步。让我们与国际社会一道，共享 5G 发展新红利，共抓 5G 产业繁荣发展新机遇，共绘信息通信业壮美蓝图，共谱世界经济壮丽新篇章。

第一章
全球数字化变革日新月异

　　自 2020 年开年以来，5G 网络建设和商用步伐加快。5G 正在成为全面构筑我国经济社会数字化转型的新支点，成为推动传统产业转型升级、激发数字经济创新活力的动力源。筑牢 5G 基础，必将引领制造强国、网络强国、数字中国建设提速增效，助力经济社会高质量发展迈出更大步伐。时来易失，赴机在速！应抓住产业变革机遇、坚持 5G 发展建设，充分发挥 5G 强大赋能作用，以"一业带百业"，为全社会数字化转型创造出更大的发展空间和美好未来。

当前，以数字化、网络化、智能化为主要特征的第四次工业革命蓬勃兴起，以 5G 为代表的新一代信息通信技术成为新一轮工业革命重要支柱，激活了产业变革和数字化转型新潜能，点燃了数字经济新引擎，必在更大规模、更广范围、更深层次、更高水平推动科技创新、产业变革和经济社会数字化转型发展，开启一个全新数字化时代。

一、数字化转型是全球性变革趋势

世界经济已进入新旧动能转换期，数字技术革命正在世界范围内推动经济社会生产生活方式向数字化转型，数字化转型已是全球共识和大势所趋，应牢牢把握经济社会数字化转型机遇，顺应产业变革和数字化转型趋势，满足经济社会高质量发展需要，全面推进数字产业化和产业数字化进程。

数字化是经济社会转型发展的新机遇。世界各国纷纷开启数字化转型之路，均希望通过发展数字经济，全面促进经济可持续健康发展，构建数字战略框架，制定适应数字化转型发展的政策规划，利用新一代信息通信技术，打通不同层级、不同行业间数据壁垒，加速数字化转型步伐。我国正处于从经济高速增长向高质量发展转变的关键时期，数字化转型对推动产业升级和培育增长新动能具有重要作用，国家高度重视数字机遇，积极拥抱数字技术，为数字化转型提供政策支持，加快 5G 网络、数据中心等新型基础设施建设，实施包容审慎的监管政策支持创新发展，为我国经济社会发展注入强劲动力。

　　数字化转型已进入数字化发展的新阶段。现阶段数字化转型不是简单信息化,已渗透到经济社会各方面,需要全新的数据驱动思维。自20世纪80年代个人计算机(PC)诞生之后,全球已经历两波"数字化转型"浪潮,第一波以办公电子化和自动化为特征,基于手机、PC和单机软件(如Office办公软件),初步提升了个人与企业的办公效率;第二波以电子商务、社交网络为特征,基于通信网络、互联网等广泛连接企业与个人。今天,以5G、人工智能、大数据、云计算等为代表的新一代信息技术将引发一场更大范围、更深层次的"数字化转型"浪潮,驱动经济、社会、各行各业全面数字化转型,而今天的数字化,已不单单是狭义的"数字化",而是数字化、网络化、智能化,将全面提升个人、企业、政府的效率和能力;不仅能够拓展新的经济发展空间,推动传统产业转型升级,还能促进整个社会转型发展。

　　数字产业化和产业数字化全面推进。数字化转型正打开经济社会发展新空间,依靠信息通信技术创新驱动,以数字产业化为手段,以产业数字化为目的,加速推动数字经济与实体经济深度融合。一是全球数字化转型支出不断增加。国际数据公司(IDC)《2019年全球半年度数字化转型支出指南》数据显示,到2023年,全球数字化转型支出将达到2.3万亿美元,在全球技术投资总额中所占的比例将达到53%。二是数字产业化稳步发展。科技革命持续打造数字化转型关键动力,贯穿创新链、产业链、价值链全过程,加速要素数字化、过程数字化、产品数字化;随着数字技术服务逐步成熟,5G、人工智能、工业互联网、数据中心等新型基础设施建设加快推进,产业基础不断夯实,需求活力不断释放,数字产品和服务产业不断壮大。三是产业数字化加快。工业领域数字化转型进入加速发展期，工业互联网不断突破、制造业数字化转型整体推进、5G 工业领域的融合应用逐步拉开，截至 2019 年 6 月，我国企业数字化研发设计工具普及率和关键工序的数控化率分别达到了 69.3% 和 49.5%。同时，开展网络化协同、服务型制造、大规模个性化定制的企业比例，分别达到了 35.3%、25.3% 和 8.1%。

二、5G 激活产业变革和数字化转型的新潜能

移动通信技术革命与第三次数字化转型浪潮和第四次工业革命形成历史性交汇，5G 作为经济社会数字化转型和新工业革命的新基石、催化剂，将进一步释放产业变革和数字化转型潜力，加速新一轮工业革命进程，谱写经济社会转型新篇章。

（一）通信技术与历次工业革命同频共振

回顾历史发展轨迹，人类社会经历了机械化、电气化，再到信息化三次工业革命，每次革命的发生，都会出现新的通用目的技术、新生产要素和新基础设施三大驱动要素，也都伴随着通信技术的变革，引发重大生产范式革新，推动经济社会进步。

18 世纪 60 年代，第一次工业革命期间，蒸汽机成为新的通用目的技术，机器设备等成为新的生产要素，铁路成为新的基础设施，极大解放了生产力，开启了近代运输业，引领人类进入机器生产时代。就机械化设备与印刷技术结合而言，使得报纸、书籍等成

为全新工具，有力促进了知识传播、信息分享、历史文明传承。

随后，19 世纪下半叶，第二次工业革命期间，电和内燃机成为新的通用目的技术，电力和石油成为新的生产要素，电网、管道、高速公路、机场等成为新的基础设施，推动人类社会迈入电气时代。电力与通信技术融合创造了有线电话和无线电报，将人类互联互通推向新高度，突破人们通信距离、时空限制，极大提高了生产生活效率。

自 20 世纪中叶后，移动通信、电子计算机、互联网技术相互渗透，共同触发了第三次工业革命，推动人类步入崭新的信息时代，带来生产力的又一次质的飞跃。计算机和信息技术成为新的通用目的技术，可再生能源、算力成为新的生产要素，互联网成为新的基础设施。计算通信与互联网等技术融合，催生了智能手机、电子商务、移动支付、共享经济等移动互联网新产品、新业态、新模式，孕育了消费互联网经济，深刻改变了人们的生活方式。

继机械化、电气化、信息化三次工业革命浪潮之后，新一轮科技革命正引发第四次工业革命，移动通信技术正成为重要驱动力。与以往历次工业革命相比，新一轮工业革命与通信技术更加紧密相连，新的生产要素、新的基础设施也将出现，通信技术革命也将再次与工业革命同频共振，释放出巨大能量，实现社会生产力的大解放和生活水平的大跃升，改变人类的发展轨迹。

（二）5G 加速第四次工业革命的到来

5G 是第四次工业革命的重要基石。新工业革命的基本特征是数字世界与物理世界的结合，革命的过程也是数字世界与物理世界融合的过程，数据将是新的生产要素，新工业革命的"能源"，21 世纪的"电力"和"石油"。以 5G、数据中心等为代表的新型信息基础设施，是经济社会转型发展的关键支撑和数据联通的重要方式，已超越了移动通信的范畴，如同电力和交通成为工业革命的关键基础设施一样，将成为第四次工业革命的新基石。

5G 不仅是一种连接手段，还是新工业革命的催化剂。纵观工业革命史可以发现，历次工业革命多源于科技革命，且新工业革命越来越不再依托于某一方面技术的重大突破，更需要全方面、多领域的技术共同支撑；越来越难划分出科技革命的界限，每一项技术的突破都会影响促进其他技术的发展；越来越依靠多项技术叠加式主导、浪潮式接续、集群式融合推进。相比 4G，5G 多场景、多指标的设计理念，以及作为人工智能等新一代信息技术中枢，追求的不仅是通信速度上的提升，无线连接价值也只是"冰山一角"，5G 还将与其他技术和产业发生"化学反应"，充分释放数字创新活力，具有强大的放大、叠加、倍增作用，催化激发包括人工智能、工业互联网、大数据、物联网等创新技术群发生体系化裂变，带来规模链式发展，从而推动新一轮工业革命浪潮。

5G 加速第四次工业革命的到来。新工业革命也可以说是深度数字技术革命，5G 作为通信技术目前的"皇冠"，具备超强数字化、网络化能力。一是 5G 将夯实万物互联基础，极大程度地提高数字世界的运行效率。随着 5G 规模化部署和商用步伐的加快，无线接入网络将逐步成为一个无处不在、无人不享、无所不联的泛在平台，实现人与设备永远在线，物与物无时不联，让海量数据实现低成本的互联互通，筑牢新工业革命数字基础。二是 5G 正引领新一轮科技革命，加速"现象级""杀手级"应用到来。5G 与人工智能、工业互联网、车联网等结合，促进如自动驾驶、智能机器人等产品突破，加快智能工厂、智慧城市、智能交通、智慧医疗等应用场景创新，为生物世界（人类世界）创造更为丰富多彩的应用和服务，拓宽第四次工业革命道路。三是 5G 将进一步促进物理世界与数字世界融合。未来，新工业革命期间的世界，是一个生物世界（人类世界）、物理世界、数字世界（数字技术构建的世界）组成的三维世界。5G 三大应用场景与数字孪生、虚拟现实等技术需求强耦合，可加速构建信息物理系统，实现人、机、物互联，实体与虚拟对象双向连接，促进数字世界持续不断加深加强对物理世界的还原，消除物理世界与数字世界之间的界限，加速新工业革命进程。

（三）5G 助力构建现代产业体系

当前，我国经济增长方式已由投资驱动型增长转向创新驱动型增长，建设现代产业体系是我国实现发展方式转变、经济结构优化、增长动力转换的一项重要综合性部署，是保障我国经济持续健康稳定增长的一项关键性举措。作为信息通信产业"排头兵"，5G 现已成为创新最活跃、跨界融合发展最广泛、经济体系中最具活力和增长潜力的领域，成为推动构建现代产业体系的强大驱动力。

一方面，5G 是现代产业体系的重要组成。5G 移动通信产业具有显著的创新驱动、数字引领、要素协同、融合发展等特性，属于现代产业的范畴。一是 5G 创新发展水平持续提升。5G 技术创新活跃、更迭速度快，能够驱动各类创新资源集聚，提升创新资源使用效率，正引领新一轮科技创新，带动整个产业的创新发展，产业中独角兽企业快速成长，领军企业成长迅速。二是 5G 产业规模不断壮大。随着 5G 大规模商用的开启，5G 产业规模不断扩展并形成万亿级的产业规模，有力带动产业链上下游企业发展壮大，成为引领国民经济发展的重要力量。与人工智能、大数据等新一代信息通信技术融合，在推动实体经济高质量发展过程中的战略地位和引擎作用不断凸显。三是经济带动效应显著。5G 新模式新业态投资空前活跃，新模式新业态持续涌现，有力引领消费转型升级，激发有效投资活力，助力数字经济快速增长。

另一方面，5G 是构建现代产业体系的关键支撑。5G 具有高技术性、高通用性和高带动性，能够为振兴实体经济提供强大动力，为促进要素协同发展提供关键支撑，助力加速构建现代产业体系。一是 5G 能够有效振兴实体经济。实体经济是构成现代产业体系的根基，充分利用 5G 为实体经济赋能赋智，将促进实体经济发展质量升级与结构优化，提升实体经济资源配置效率与生产率，催生实体经济新需求、新模式、新业态，有力推动现代产业体系建设。二是 5G 能够促进生产要素协同发展。推动 5G 在全产业链、价值链和创新链的广泛渗透应用，将助力实体经济与科技创新、现代金融、人力资源的相融互通，形成信息流带动技术流、资金流、人才流的良性互动，促进各类生产要素与实体经济高效协同发展，加快推动我国产业向全球产业链价值链中高端迈进。建设现代产业体系正当其时，5G 必将不负众望。

（四）5G 谱写社会数字化转型新篇章

数字化是大势所趋，拥抱数字化已成全球共识。美国、欧盟、日本、韩国等主要经济体都在布局数字化转型发展，积极推动数字化转型升级迈向新阶段。世界经济论坛 2017 年发布的《数字化转型倡议报告》认为，预计到 2025 年，因全行业数字化转型带来的社会经济价值将超过 100 万亿美元。而移动通信技术每次代际跃迁，均对经济社会数字化转型发展产生广泛影响。5G 将成为推动经济社会数字化转型的重要抓手。

5G 全面构筑经济社会数字化转型新基础。一是 5G 构筑万物互联网络化基础，5G 与物联网、工业互联网、卫星互联网等通信网络基础设施，让终端连接无处不在，从人人互联到万物互联，从消费到生产，从农业、工业到服务业，为经济社会数字化转型铺平道路；二是 5G 构筑数字化基础，与以人工智能、云计算、区块链等为代表的新技术基础设施融合，连接数据中心、智能计算中心等算力基础设施，驱动经济社会数字化加速转型；三是 5G 构筑智能化基础，支撑智能交通、智慧能源等传统基础设施转型升级。

5G 全面拓展经济社会数字化转型新空间。一方面，通信行业本身是数字化转型的重要组成部分，从模拟到数字、从低速到高速、从窄带到宽带，移动通信的每次代际跃迁都大幅提升了自身数字化水平，5G 将再次带动移动通信技术、产业全面数字化、网络化、智能化升级；另一方面，5G 全面拓展应用范围，80% 将用于物与物通信，与传统产业深度融合，赋能千行百业，正为产业、经济、社会数字化转型拓展出无穷无尽的新空间，迸发出源源不断的新动能。

5G 全面推进经济社会数字化转型。当前，数字化转型在很多行业已进入深水区，我国处在转变发展方式、优化经济结构、转换增长动力的攻关期，5G 引领新一轮科技革命，加快实体经济数字化转型发展，不断推进经济社会数字化转型走向深入，解决数字化转型深层次问题。从横向数字化转型范围看，各行业数字化转型发展水平仍存在较大差异，表现出三产优于二产、二产优于一产的特征，5G 时代将大大拓展应用空间，从消费领域服务业，向产业领域工业、农业等产业数字化深水区拓展。从纵向数字化转型程度看，如数字化程度较深的零售业、较浅的建筑业等都已进入数字化转型的深水区，自动驾驶、智慧城市、智能家居等应用场景也都有待数字化突破，5G 与工业互联网、车联网、虚拟现实、数字孪生、全息影像等技术融合，不断向工业设备、汽车、传统基础设施、城市建筑等物理世界渗透，提升物理世界数字化、网络化、智能化水平。

三、5G 点燃数字经济发展的新引擎

数字经济作为信息时代经济社会发展的新形态，日益成为全球经济发展的新动能。作为新型基础设施建设的核心内容，既助力产业升级、培育新动能，又带动创业就业，利当前惠长远。5G 将与云计算、大数据、人工智能等数字技术结合，实现万物广泛互联、人机深度交互，赋能各行业、各领域，以"一业带百业"，成为数字经济发展的重要引擎。

（一）数字经济成为经济高质量发展的重要动能

数字经济是以数字化的知识和信息为关键生产要素，以数字技术创新为核心驱动力，以现代信息网络为重要载体，通过数字技术与实体经济深度融合，不断提高传统产业数字化、智能化水平，加速重构经济发展与政府治理模式的新型经济形态。数字经济由两部分构成：一是数字产业化，也称为数字经济基础部分，即信息通信产业，具体业态包括基础电信业、电子制造业、软件及服务互联网业等；二是产业数字化，即使用部门因此而带来的产出增加和效率提升，也称为数字经济融合部分，包括传统产业，如农业、工业、服务业等由于应用数字技术所带来的生产数量和生产效率提升，其新增产出构成数字经济的重要组成部分。

数字经济日益成为经济增长的关键动力。中国信息通信研究院的测算数据显示，2018 年全球 47 个国家数字经济规模达到 30.2 万亿美元，占 GDP 的比重达 40.3%，平均名义增速为 9.2%。2018 年我国数字经济总量达到 31.3 万亿元，占 GDP 的比重达 34.8%，名义增长 20.9%，高于同期 GDP 名义增速约 11.2 个百分点，对 GDP 增长的贡献率达到 67.9%，贡献率同比提升 12.9 个百分点。数字经济在各行业渗透程度不断加深。

（二）5G 绘制数字经济发展蓝图

5G 加速数据要素化进程。数字技术的快速发展和深度应用，推动面向个人用户的互联网服务逐步面向各行业生产领域，构建以万物互联为基础、以大数据为生产要素的产业互联网，推动形成新的生产制造和服务体系，改变人与人、人与物、物与物之间的联系互动方式和规则，形成数字经济。5G 以全新的移动通信系统架构，提供至少十倍于 4G 的峰值速率、毫秒级的传输时延和千亿级的连接能力，实现网络性能新的跃升，将服务对象从人与人拓展到人与物、物与物，实现真正的"万物互联"。同时，5G 还将与人工智能、大数据、云计算等技术相结合，为社会各行业提供数据采集、传输、存储、计算、分析、开发利用及智能化的能力，使得数据进入生产过程，成为真正有价值的生产要素。

5G 构筑重要基础设施。从线上到线下、从消费到生产、从平台到生态，5G 推动我国数字经济发展迈上新台阶。首先，5G 将全面构筑万物互联的新一代信息通信网络基础设施，与云计算、人工智能、大数据、物联网、区块链等共同组成数字经济基础，为数字经济发展提供技术保障和实现手段，营造数字产业的生态环境；其次，传统物理基础设施将通过引入 5G 加快数字化升级，如智能电网、安装传感器的高速公路等，它们成为具有数字化组件的混合基础设施，具有了更高的信息化和智能化水平。总之，以 5G 网络为核心的新一代信息通信网络基础设施，以及传统物理基础设施的数字化改造，共同构成了数字世界的关键基础设施，成为数字经济发展的基石。

5G 支撑新业态发展。通过深度挖掘各行各业对 5G 应用的需求，加速 5G 与各行各业融合，促进 5G 技术向经济社会各领域的扩散渗透，催生更多新兴需求和服务，孕育新兴信息产品和服务，创新新业态和新模式。5G 将极大拉动社会发展，创造数字经济的新价值体系。将创新数字经济应用模式和服务模式，推动数字经济生产组织方式、资源配置效率、管理服务模式深刻变革，物理实体与数字虚体一一映射、交互孪生，智慧城市、智能家居、车联网、工业互联网等行业领域将迎来爆发式增长。

（三）5G 推动数字经济快速发展

5G 重塑传统产业发展模式，拓展创新创业空间。5G 建设具有极强的溢出效应，将带动投资增长，促进信息消费，并逐步渗透到经济社会各行业各领域，成为拉动经济增长的新引擎。

1. 5G 将持续拉动投资增长，对冲经济下行风险

5G 激发各领域加大数字化投资，加速 ICT 资本深化进程，为数字经济发展注入新动力。经济增长理论表明，资本积累是推动经济增长的关键因素，与其他要素相比，其对经济社会的拉动作用更为直接和显著。在 5G 的快速发展过程之中，网络技术的大规模产业化推进与市场化应用，将促使电信运营商扩大网络及相关配套设施投资，直接增加国内对网络设备的需求，间接带动系统、终端、芯片、电子器件、原材料等上下游企业加大投入力度，不断带动经济高速增长。根据中国信息通信研究院测算，2020—2025 年 5G 可直接拉动电信运营商网络投资 1.2 万亿元，拉动垂直行业网络和设备投资 0.7 万亿元；2030 年 5G 带动的直接产出和间接产出将分别达到 6.3 万亿元和 10.6 万亿元，十年间的年均复合增长率分别为 29% 和 24%，如图 1-1 所示。根据中国信息通信研究院测算，2030 年 5G 直接创造与间接拉动的经济增加值分别为 3 万亿元和 3.6 万亿元，十年间年均复合增长率分别为 41% 和 24%，如图 1-2 所示。

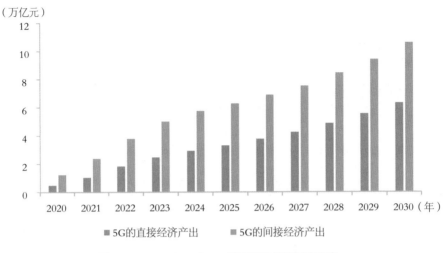

（万亿元）

■5G的直接经济产出　　■5G的间接经济产出

图 1-1　2020—2030 年 5G 的直接和间接经济产出

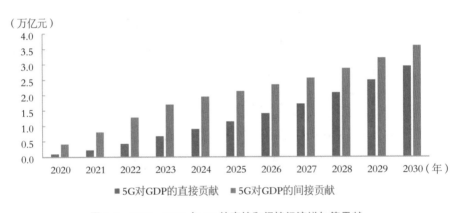

（万亿元）

■5G对GDP的直接贡献　　■5G对GDP的间接贡献

图 1-2　2020—2030 年 5G 的直接和间接经济增加值贡献

同时，5G 也将吸引国民经济各行业增加相关 ICT 资本投入，拉动垂直领域对新一代信息技术、高端装备、网络建设等先进要素的投入，改善我国投资结构，促进经济结构优化，推动经济高质量增长。随着 5G 网络部署持续完善，5G 向垂直行业应用的渗透融合，各行业在 5G 设备上的支出将稳步增长，成为拉动 5G 设备投资的主要力量。根据中国信息通信研究院测算，2030 年各行业各领域在 5G 设备上的支出超过 5200 亿元，在设备制造企业总收入中的占比接近七成，如图 1-3 所示。

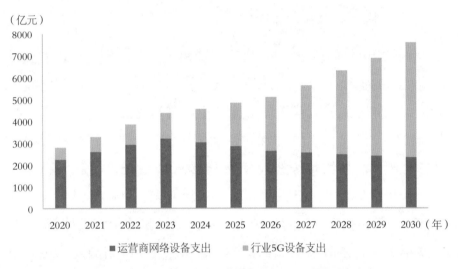

图 1-3　2020—2030 年来自运营商和各行业 5G 网络设备支出

2. 5G 将激发信息消费潜力，促进经济稳定增长

5G 的发展，不仅直接推动 5G 手机等终端产品消费，还可培育新型服务消费，进一步带动信息消费的快速增长，成为扩大内需的新动力。在终端产品方面，5G 终端将沿着形态多样化与技术性能差异化方向持续发展，催生新型智能终端。据统计，截至 2019 年年底，全球共有 16 种 5G 终端诞生，电视、头戴显示器、自动售卖机、机器人等多种新型终端频出。在服务方面，5G 将极大地提高用户的业务体验，推动超高清视频、全息影像、浸入式体验、下一代社交网络等新型移动应用技术茁壮成长，从而打开移动互联网新业态的创新发展空间。初步估计，到 2025 年，5G

商用给中国带来的信息消费规模累计将超过 8.3 万亿元，其中信息终端消费规模将超过 4.5 万亿元，信息服务消费规模将接近 3.8 万亿元。

3. 5G 将推动产业转型升级，转变经济增长方式

作为通用目的技术，5G 可广泛应用于工业、服务业、农业等实体经济的各个领域，特别是与云计算、大数据、人工智能技术相结合，将使企业运营更加智能，生产制造更加精益，供需匹配更加精准，产业分工更加深化，赋能传统产业数字化、网络化、智能化转型，加快传统产业优化升级。5G 还将培育壮大新兴产业，催生无人工厂、车联网等新模式新业态，推动智慧城市、智能家居、远程教育、远程医疗等全面发展，拓展经济发展新空间。2019 年 3 月，在海南三亚的医学专家通过 5G 网络为北京患者成功实施了远程颅脑手术，展现了 5G 在医疗等民生领域应用的巨大潜力。国际社会对 5G 潜力也早有共识，欧盟将 5G 视为"数字化革命的关键使能器"，世界经济论坛主席克劳斯·施瓦布（Klaus Schwab）认为 5G 将开启第四次工业革命。根据中国信息通信研究院测算，我国 5G 产业每投入 1 个单位将带动 6 个单位的经济产出，溢出效应显著。

4. 5G 将增加新型就业机会，释放数字经济活力

大连接催生大融合，大融合拓展新空间。5G 将推动信息通信技术应用场景从移动互联网拓展至工业互联网、车联网等更多领域，为实体经济企业和专业人员创新创业提供广阔空间，创造大量具有高知识含量的就业机会。5G 带动移动通信产业就业的

同时，还将催生工业数据分析、智能算法开发、5G 行业应用解决方案等新型信息服务岗位，并培养基于在线平台的灵活就业模式，从而为社会提供大量就业机会。

第二章
现代通信百年开新途

通信是人类与生俱来的基本生存需求，从古代的飞鸽传书到近代的电话电报，再到当代的移动通信，无不深刻影响着人们的生产生活。当前，正步入 5G 时代，在了解 5G 之前，需要站在一个更宏观的视角，理解通信在人类历史中扮演着怎样的角色，为什么如此重要，现代通信史是如何发展到今天的，移动通信又是怎样诞生和依次演进的。

人类历史的发展总是伴随着通信的发展演进，从最初的面对面交流，到竹简、纸书记录信息，通过驿马邮递、飞鸽传信传递信息。发展到现代，电报的出现实现了实时通信，电磁波的发现以及无线电报的发明让人们摆脱了电线的约束，开启了无线通信的新时代。经过数十年演进，历经 1G/2G/3G/4G 的发展，移动通信深刻地改变了人们的交流与沟通方式，5G 将进一步实现由人与人通信向人与物、物与物通信的跨越，为推动全球经济发展和社会进步发挥更加重要的作用。

一、人类的历史也是一部通信史

人类的历史，是一部经济社会发展史，也是一部通信发展史。远古时代，人们就通过简单的语言交换信息，后来出现了文字、竹简和纸书等，人与人的沟通方式不断演变，再如烽火狼烟、驿马邮递、飞鸽传信等都是古代信息传递的方式。

烽火是我国长城防御系统的一个重要组成部分，当敌寇入侵时，在长城的烽火台上点燃烽火，浓烟升起，人们看见烟火，就知道有敌进犯，"昼则举烽，夜则举火"是烽火的两种形式，利用烽火这种古老而迅捷的传信技术，驻守边疆的古代士卒保障了紧急军事信息的及时有效传送。驿传制度起源于秦代，到汉代又将所需传递的文书分出等级，不同等级的文书由专人、专马按规定次序、时间传递，而且收发这些文书都要登记，注明时间，以明责任。中国是世界上最早建立有组织的传递信息系统的国家之一。到隋唐时期，中国的驿传体系空前发展，唐代的官邮以长安为中心，可以直达边境地区。据《大唐六典》记载，最盛时全国有 1639 个驿站，专门从事驿务的人员两万余人。飞鸽传信具体的起始时间没有定论，但在多部古代典籍中都有关于飞鸽传信的记载，唐代王仁裕所著的《开元天宝遗事》一书中提到，"张九龄少年时，家养群鸽。每与亲知书信往来，只以书系鸽足上，依所教之处，飞往投之"。在东汉著名文学家班固所著的《汉书·苏武传》中也有"鸿雁传书"的典故，这些都从侧面反映了飞鸽传信在古代的广泛应用。此后，在宋、元、明、清诸朝中，通过信鸽进行书信传递一直在人们的通信生活中发挥着重要作用。

二、现代通信历经百年走到今天

自 18 世纪 30 年代起，由于铁路等交通工具的迅速发展，人们的活动范围不断扩大，原有的书信等信息传递方式已无法满足人们对信息实时性传递的需求，迫切需要一种不受天气影响和时间限制，能够实现即时信息传递的通信工具。

电报是人类进入电子通信时代的标志，1835 年，美国画家莫尔斯（Morse）经过 3 年的钻研，发明了世界上第一台有线电报机。这就是鼎鼎大名的莫尔斯电码，他利用电流的"通"、"断"和"长短"来代替文字进行传送。1844 年 5 月 24 日，莫尔斯在美国国会大厦联邦最高法院会议厅用莫尔斯电码发出了人类历史上第一份电报，从而实现了长途电报通信。电报作为一种新的通信方式，加快了消息的流通，大大促进了工业社会的发展。1876 年，美国人亚历山大·格拉汉姆·贝尔（A.G.Bell）发明了世界上第一台电话机，他用两根导线连接两个结构完全相同、在电磁铁上装有振动膜片的送话器和受话器，首次实现了两端通话，1878年在相距300千米的波士顿和纽约之间进行了首次长途电话实验，并获得了成功，后来他成立了著名的贝尔电话公司。

　　最初的电报和电话是基于有线进行传输的，而无线通信则不需要借助电线就可以传输信息。19世纪末，3位著名科学家对无线通信发展作出了重大贡献，他们是英国物理学家詹姆斯·克拉克·麦克斯韦（J. C. Maxwell）、德国物理学家海因里希·鲁道夫·赫兹（Heinrich Rudolf Hertz）和意大利发明家伽利尔摩·马可尼（Guglielmo Marconi）。1864年，麦克斯韦用数学方法证明了电波产生后能在相当远的地方产生效应，并建立了一套电磁理论，预言了电磁波的存在，并认为这种信号或电磁是以光速传输的。在此后的22年时间里，无线通信都停留在理论上，直到1887年，赫兹通过试验证明了麦克斯韦论断的正确性。赫兹的实验装置如图2–1所示，它由电火花发生器和电磁波接收器两部分组成，电火花发生器以两个大铜球作为电容，并连接到两个相隔很近的小铜球上，导线从小铜球延伸出来，缠绕在一个感应线圈的两端，然后再连接到电池上。

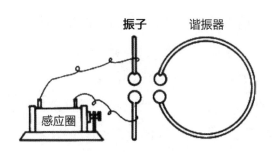

图 2–1　赫兹验证电磁波存在的试验

打开电源开关，电流就可以对铜球充电，当电压足够高时，两个小球之间的空气就会被击穿，两个大铜球之间来往的电荷就将形成一个高频振荡回路，并向外传播电磁波。电磁波接收器由放置在远端的有开口的铜环构成，铜环开口处镶着两个小铜球，如果有电磁波存在，当电磁波到达接收器时，两个小铜球就会激发出电火花。通过这个试验，赫兹验证了电磁波真真实实地存在于空间中。结合实验数据，赫兹还计算出了电磁波的波长，通过将它乘以电磁波的振荡频率，就计算出了电磁波的传播速率，恰好是每秒 30 万千米，也就是光速。该试验不仅验证了麦克斯韦理论的正确性，轰动了整个科学界，更成为近代科技史上推动现代无线通信技术发展的重要里程碑。

无线电磁波的发现及验证开启了人类无线通信的新时代，使神话传说中的"千里眼""顺风耳"变成了可能。意大利人马可尼在他 16 岁时受物理学家赫兹电磁振荡实验的启发，开始进行电磁实验，1895 年成功实现了电磁波信号传递，并将传输距离扩大到了 2.7 千米。1896 年，马可尼在英国申请了专利，并于 1897 年在英国成立了无线电报通信公司，短短 3 年，他就将无线通信投入了商业运营，并在 1902 年历史性地实现了无线电信号跨越大西洋进行远距离通信，开创了无线电通信的新纪元。1903 年春天，从美国向英国《泰晤士报》用无线电传递的最新讯息当天就可以见报，随后德国、比利时等很多国家也都建造了马可尼式无线电台，无线电通信开始成为全球性事业。

在中国，19 世纪七八十年代，改革交通和通信的呼声日益高涨。在清朝政府的支持下，时任直隶总督的李鸿章于 1877 年主持铺设了从天津机器局至直隶总督衙署的电线，1880 年在天津设立电报总局，之后还开设了电报学堂，中国近代电信事业也由此开始。1881 年，随着津沪电报线开通，中国第一条电报干线"津沪线"形成，此后，历经十年建设，形成了连通江苏、浙江、福建、广东四省的"沪粤线"，上海至汉口的"长江线"，汉口经四川到云南蒙自的"汉蒙线"和保定经太原、西安、兰州到嘉峪关的"陕甘线"等五大通信干线。至 1894 年中日甲午战争前，除西藏等少数边陲地区外，大部分省和重要商业城市都已开通电报业务，初步建成了一个四通八达的电报网。1899 年年初，中国进口了几部马可尼无线电报机，安装在两广总督署、威远等要塞以及南洋舰队舰艇上，用于军事指挥。1906 年，因广东琼州海峡海缆中断，在琼州和徐闻两地设立了无线电台，在两地间开通了民用无线电通信，这是我国民用无线电通信的开始。

三、移动通信的诞生及五次浪潮

全球移动通信已历经从 1G 到 4G 的发展过程，基本上保持了十年一代的演进节奏，如图 2-2 所示。每一次代际跃迁，每一次技

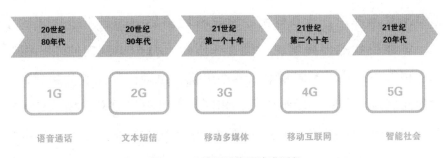

图 2-2 移动通信发展演进历程

术进步，都极大地促进了产业升级和经济社会发展。从 1G 到 2G，实现了模拟通信到数字通信的过渡，移动通信走进了千家万户；从 2G 到 3G、4G，实现了语音业务到数据业务的转变，传输速率成百倍提升，促进了移动互联网应用的普及和繁荣；2020 年，5G 时代已经到来，在大幅提升网络性能的同时，服务对象从人与人通信拓展到人与物、物与物通信，将与经济社会各行业深度融合，在支撑经济高质量发展中发挥重要作用。

（一）1G：移动通信的诞生

1G，即第一代移动通信，是以模拟技术为基础的蜂窝无线电话系统。所谓模拟通信，简单说就是通过声 / 电转换器将声音先转换成电波，再调制到更高的载频上进行发送，在接收端再将电波还原成声音，模拟通信解决了最基本的通信移动性问题，可以支持语音通信业务，但由于频率资源有限，一个基站仅能支持几个用户同时通话，手机和基站连接后，如果手机上的基站显示是红灯，表示基站资源已被占用，手机无法打电话，只有显示绿灯才可使用。为了解决网络频率资源受限的问题，20 世纪 60 年代，美国贝尔实验室提出了在移动通信发展史中具有里程碑意义的概念——蜂窝小区和频率复用理论。所谓蜂窝，就是将网络划分为若干个相邻的小区，整体形状酷似蜂窝，如图 2–3 所示，每个小区内使用一组频率，相邻小区采用不同频率以减小干扰，由于信号强度会随着距离增加而衰减，相隔一段距离后，相同频率又可以重复使用，称为频率复用。蜂窝网络解决了公共移动通信系统大容量需求与有限频率资源之间的矛盾。随着用户数的增加，可以通过小区分裂、频率复

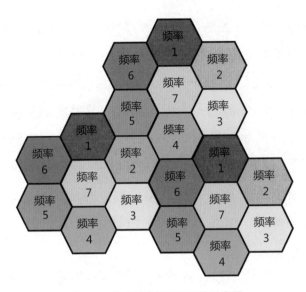

图 2-3　移动通信蜂窝网架构示意图

用、小区扇形化等技术提高频谱利用率和系统容量。1978 年年底，贝尔试验室研制成功了全球第一个移动蜂窝电话系统——高级移动电话系统（Advanced Mobile Phone System, AMPS），美国电话电报公司（AT&T）使用该技术在芝加哥开通了第一个模拟蜂窝商用试验网络，这是全球第一个真正意义上的、可随时随地通信的移动通信网络。

虽然美国是最早研究蜂窝移动通信的国家，却不是全球第一个商用移动通信网络的国家。1979 年日本推出了 HAMTS（汽车移动电话系统），在东京、大阪等地投入商用，成为全球首个商用的蜂窝移动通信系统，由此拉开了第一代移动通信技术的序幕。第一代移动通信除了美国的 AMPS 外，还有北欧地区的北欧移动电话系统（Nordic Mobile Telephone, NMT）、英国的全接入通信系统（Total Access Communications System, TACS）等。由于存在多种制式，不同系统之间互不兼容，标准不统一，因此，1G 实际上是一种区域性的移动通信系统，无法支持国际漫游。尽管 1G 标准各式各样，但 1G 时代的王者非摩托罗拉莫属，摩托罗拉作为模拟通信技术的佼佼者，在移动通信领域不但是市场先锋，更在 1989 年被选为世界上最具前瞻力的公司之一。世界上第一部手机也是由摩托罗拉公司工程师马丁·库帕（Martin Cooper）发明的，后来他被称为"现代手机之父"。他发明手机的灵感来自电视《星际迷航》，在他看到剧中的考克船长在使用一部无线电话时，他决定自己也要做一个，经过 3 个月的研发，世界上第一部手机诞生了，这部手机开启了一个全新的时代。

20 世纪 80 年代中期，许多国家开始建设基于频分多址（Frequency Division Multiple Access, FDMA）和模拟调制技术的第一代移动通信系统。所谓频分多址，就是将用于传输信息的带宽划分为若干个子信道，不同用户通过不同子信道进行信息传输，这样系统就能以并行的方式同时发送多路信号，为保证各子信道中所传输的信号互不干扰，应在各子信道之间设立隔离带，因此，系统总带宽大于各子信道带宽之和。举例来讲，频分多址就像是高速公路的不同行车道，不同用户就像是在不同车道上并行行驶的汽车，相互之间不会影响。

1983 年，美国 AMPS 首次在芝加哥投入使用。1985 年，英国开发的 TACS 在伦敦投入使用。1987 年，我国邮电部确定以欧洲提出的 TACS 制式作为我国第一代蜂窝移动电话的标准，当时，我国移动通信处于空白，技术和产品完全依靠国外进口，采用的是美国摩托罗拉和瑞典爱立信的设备搭建我国移动电话公众网络。1987 年 11 月 18 日，在第六届全国运动会开幕前夕，我国第一个 TACS 模拟蜂窝移动电话系统在广东省建成并投入商用，广州开通了我国

第一个移动电话局，首批用户只有 700 个。从中国电信 1987 年 11 月开始运营模拟移动电话业务到 2001 年 12 月底中国移动关闭模拟移动通信网，1G 系统在中国的应用时间长达 14 年，用户数最高达到过 660 万。

（二）2G：从模拟通信到数字通信的跨越

1G 在商业上取得了巨大的成功，但随着大规模商用的展开，频谱利用率低、保密性差、设备成本高、体积大等弊端愈加突出。为了解决模拟通信系统存在的根本性技术缺陷，数字移动通信技术应运而生，第二代移动通信（2G）采用时分复用/频分复用方式，运用数字化语音编码和数字调制技术，实现了从模拟通信到数字通信的飞跃，开启了数字蜂窝通信的新时代。2G 虽然仍定位于话音业务，但话音质量显著提升，并且可以支持 100kbit/s 量级的低速数据业务，手机不仅可以通话，还可以发短信、上网，且通信传输的保密性显著增强。

1G 时代各国的通信系统互不兼容迫使厂商要发展各自的专用设备，无法大规模生产，在一定程度上抑制了移动通信产业的发展，而标准化是解决上述问题的最有效手段。2G 时代主要存在全球移动通信系统（Global System for Mobile Communications, GSM）和码分多址（Code Division Multiple Access, CDMA）两种标准体制。

GSM 标准源自欧洲，1982 年，在欧洲邮政电信管理委员会的组织下，26 个国家的电信官员举行会议，成立了移动通信特别研究组，该组织的宗旨是要建立一个统一的泛欧标准，开发泛欧公共陆地移动通信系统，并满足高效利用频谱、低成本系统、手持终端和全球漫游等要求。随后几年欧洲电信标准化协会（European Telecommunications Standards Institute, ETSI）以国际标准为目标完成了 GSM 规范。GSM 以时分多址（Time Division Multiple Access, TDMA）技术为核心，简单地讲，就是把每个信道按时间切分成若干时隙，每个用户只在某一个被分配的时隙进行通话，这使通信容量大幅增加，利用单个载频就可以同时支持多个用户的通信，用户 A 在第一个时隙通信，用户 B 在第二个时隙通信，那么，如果你采样的是第一个时隙，就会听到用户 A 通话，如果你采样第二个时隙，你就会听到用户 B 通话，但发送方与接收方须保持严格的时间同步，虽然时隙有间隔，但如果这样的时隙足够小，小到毫秒级，人耳是无法感知的。1991 年 GSM 系统正式在欧洲问世，欧盟积极推动 GSM 技术及产业发展，以确保 GSM 在欧洲的成功，为 GSM 进入全球市场打下坚实基础，最终 GSM 标准在全球 200 多个国家和地区得到了广泛应用，成为事实上的国际标准。根据 2002 年 4 月的统计数据，全球移动通信用户为 10.05 亿户，其中 GSM 用户数达 6.84 亿户，占比高达 68%，由此欧洲设备制造商快速发展，诺基亚与爱立信借助 GSM 进入美国和日本市场，仅仅 10 年时间诺基亚力压摩托罗拉，成为全球最大的移动终端厂商。

CDMA 标准由美国高通公司研制，它将通信内容与固定的扩频码进行运算后发送，分配给不同用户不同的扩频码，因为扩频码序列不同，可以保证用户间的通信互不干扰，从而实现不同用户在相同时间、相同频率上的共用。就像一个房间内有多个人在讲话，A 讲汉语，B 讲英语，C 讲法语，那么，懂汉语的人能听懂 A 讲话，懂英语的人能听懂 B 讲话，懂法语的人能听懂 C 讲话，尽管各说各的，但如果大家各自只关注自己的语言，滤除其他语言的影响，接收方和发送方就可以自由通信。

1993年，CDMA被作为美国数字蜂窝移动通信标准IS—95A发布，成为第二个2G标准。从技术角度讲，CDMA技术相比TDMA技术是有优势的，它系统容量大、通话质量高、频率干扰小、建网成本低，但由于美国CDMA起步较晚，而高通没有实际手机制造经验，欧洲运营商又对CDMA系统不感兴趣，即使在美国也只有很少的运营商愿意使用该系统。CDMA系统最早于1995年在中国香港地区和韩国入网使用，之后在美国得到了应用。

在2G时代，我国移动通信产业还较薄弱，全国各地的移动通信系统中大多采用GSM系统，使得GSM系统成为20世纪90年代我国最成熟和市场占有量最大的数字蜂窝系统，设备主要依靠进口。那时巨龙通信、大唐电信、中兴通讯、华为等中国企业已经起步，邮电部在上海市崇明岛、贵州省遵义市、内蒙古自治区鄂尔多斯市东胜开设了测试点，推动设备成熟和入网；后来，华为、中兴通讯成长为全球性的移动通信设备制造企业。1992年，邮电部批准建设了嘉兴地区GSM网络，系统设备由上海贝尔公司和阿尔卡特公司提供。1993年9月，嘉兴GSM网络正式向公众开放使用，这是我国第一套GSM移动通信系统。直至2001年，中国联通开始在中国部署CDMA网络，中国的第二代移动通信系统只用了10年时间，发展了近2.8亿用户，超过了固定电话用户数。

（三）3G：开启移动多媒体新时代

尽管2G技术在发展中不断得到完善，但随着用户和网络规模的不断扩大，频率资源已接近枯竭，语音质量不能达到用户满意的标准，数据传输速率很低，无法在真正意义上满足移动多媒体业务的需求。

第三代移动通信（3G）是开始支持高速数据传输的蜂窝移动通信技术。20 世纪 90 年代末，在 2G 规模商用的同时，开启了 3G 发展阶段。3G 依然采用数字通信技术，通过更大的系统带宽、更先进的技术，其传输速率可达 8Mbit/s 以上，超过 2G 的 100 倍。数据传输速率的大幅提升使 3G 不仅能支持话音业务，还可以提供高质量的多媒体业务，如高清晰度图像、移动视频等，业务更加多样化。2007 年，苹果公司发布了 iPhone 智能手机，智能手机的浪潮席卷全球，手机功能的大幅提升加快了移动通信系统演进的步伐，人们可以在手机上直接浏览电脑网页、收发邮件、进行视频通话、收看电视直播，人类正式步入移动多媒体时代。

国际电信联盟（International Telecommunication Union, ITU）确定的 3G 国际标准共有五个，包括宽带码分多址（Wideband Code Division Multiple Access, WCDMA）、时分同步码分多址（Time Division-Synchronous Code Division Multiple Access, TD-SCDMA）、CDMA2000，还有数字增强无绳通信（Digital Enhanced Cordless Telecommunications, DECT）和通用无线通信（Universal Wireless Communications, UWC-136），其中有影响力的 3G 国际标准主要有三个，即 WCDMA、CDMA2000 和 TD-SCDMA。1996 年，ITU 将 3G 命名为 IMT-2000，并开始技术筛选和评估工作，3G 移动网络将采用新的频谱、新的标准，实现更快的数据传输速率。其中，CDMA 系统以其频率规划简单、系统容量大、频率复用系数高、抗多径能力强、通信质量好、软切换等特点显示出巨大的发

展潜力。2000 年 5 月，在 ITU 伊斯坦布尔会议上正式批准通过了包含 WCDMA、TD-SCDMA、CDMA2000 的 3G 国际标准。其中，WCDMA 是 3G 时代主流的技术标准，其基于 GSM 发展而来，由欧洲与日本提出并进行了融合，凭借 GSM 在全球的超高市场占有率以及 WCDMA 提出的平滑演进策略，在全球获得广泛应用，占据了 80% 以上的市场份额。CDMA2000 是美国由窄带 CDMA（IS—95）技术发展起来的，核心技术由美国高通主导开发，主要厂商有摩托罗拉、三星、阿尔卡特、华为等，使用该标准的国家和地区主要有日本、韩国、北美和中国。TD-SCDMA 由我国提出，采用 TDD（时分双工）。全球普遍认为 TDD 技术复杂，难以组成大网。TD-SCDMA 研究开发和产业化，历经 10 年艰苦磨炼，实现大规模商用。

由 3G 国际标准来看，三大国际标准都是以 CDMA 为核心技术。自从 CDMA 成为 3G 基础专利后，高通成为 3G 核心专利的持有者，只要使用 3G 技术就绕不开高通的专利，"高通税"成为高通公司利润的主要来源。

TD-SCDMA 是我国百年电信史上的历史性突破。1996 年，ITU 向全世界征集 3G 移动通信标准，对于中国要不要提出 3G 技术方案，当时有很大争议。很多人认为以中国当时的技术和产业能力，是没有能力做自己的标准的。原信息产业部电信科学研究院的总工程师李世鹤等专家提出了同步码分多址接入（Synchronous Code Division Multiple Access, SCDMA），是智能天线与码分多址相结合的一个技术，李世鹤提出能不能把 SCDMA 技术与 TDD 技术相结合形成一个技术方案，推动形成国际标准，这就是后来的 TD-SCDMA 的雏形。1998 年 2 月，邮电部在香山饭店召开会议，最终决策向 ITU 提交我国的 TD-SCDMA 技术方案。方案提交了，要成为国际标准还有很长的路要走，当时美国提出了 CDMA2000 方案，欧洲提出了 WCDMA 方案。为推动我国 TD-SCDMA 技术方案纳入国际标准，时任中国代表团团长的闻库积极协调各方给予大力支持。1999 年 5 月召开的伦敦会议将决策 3G 是做一个标准还是多个标准，在会议上，ITU-R WP8F 副主席兼技术工作组主席曹淑敏在发言中提出三个标准各有优势，建议保留多个标准。经多方沟通协调，会议最终达成共识，明确将 TD-SCDMA 纳入 3G 国际标准。

2000 年 5 月，中国的 TD-SCDMA 方案正式成为国际标准，实现了国际标准领域的突破。但 TD-SCDMA 成为国际标准，只不过是拿到了一张"准生证"，关键是能否把标准做成产品，让这个技术在现实中得到广泛应用。由于当时处于核心地位的是欧洲的 WCDMA 标准，我国的 TD-SCDMA 技术标准处于边缘地位，国外企业不愿意投入推动其产业化。别人不做，只能我们自己来做，经过多年的艰苦努力，我国初步建立起了包括系统、终端、仪表、核心芯片和关键软件在内的较为完整的产业链。在 2006 年 1 月召开的新世纪第一次全国科技大会上，TD-SCDMA 与神舟五号载人飞船、水稻超高产育种等一起，被列为"十五"期间取得的最具代表性的重大科技成就。

3G 时代是我国移动通信产业从无到有快速发展的起点，对我国移动通信产业发展具有里程碑意义。在标准方面，我国原创技术第一次成为系统性的国际标准，培养了一大批技术和标准化人才，极大提升了业界信心；在产业方面，我国第一次推动建设了全产业链和服务体系，为移动通信产业升级提供了优良的土壤；在芯片方面，我国实现了从"无芯"到"有芯"的跨越，我国芯片设计研发企业群体初步形成；在运营方面，第一次实现了创新技术的大规模商用，用户总数超过了 2 亿，也为 TDD 技术大规模组网积累了关键经验。

（四）4G：移动互联网业务爆发

2000 年确定了 3G 国际标准之后，ITU 启动了第四代移动通信（4G）的相关工作。2003 年，ITU 定义了 4G 的关键性能指标，包括 1Gbit/s 的峰值传输速率、20 毫秒的无线传输时延等，4G 可以更好地支持语音业务和宽带数据业务。

由 3G 向 4G 演进包含第三代合作伙伴计划（The 3rd Generation Partnership Project, 3GPP）的长期演进（Long Term Evolution, LTE）、第三代合作伙伴计划 2（The 3rd Generation Partnership Project 2, 3GPP2）的超移动宽带（Ultra-Mobile Broadband, UMB）和 IEEE 的全球微波互联接入（Worldwide Interoperability for Microwave Access, WiMAX）三种候选技术方案。其中，WiMAX 是由英特尔、IBM、摩托罗拉、北电网络等企业主推，采用了正交频分复用（Orthogonal Frequency Division Multiplexing, OFDM）和多输入多输出（Multiple–Input Multiple–Output, MIMO）等先进技术，性能优势明显。高通为继续保持 3G 时代积累起来的 CDMA 技术和知识产权优势，于 2005 年战略性收购了专门研发 OFDM 的弗拉里奥恩（Flarion）公司，并在 2007 年对 CDMA、OFDM 和 MIMO 进行整合，提出了 UMB 计划，并在 3GPP2 进行国际标准研制。由于高通与 WiMAX 联盟知识产权谈判失败，高通明确表示所有芯片都不支持 WiMAX，而

英特尔由于没有预见到智能手机的崛起，并没有重点布局手机芯片研发，在缺乏产业链支持的情况下，WiMAX 的体验非常差，WiMAX 阵营开始瓦解，2010 年，WiMAX 标准的主推者英特尔宣布解散 WiMAX 部门。最终，UMB 和 WiMAX 都没有得到市场的认可，退出移动通信历史舞台，而包含频分双工（Frequency Division Duplexing, FDD）和时分双工（Time Division Duplexing, TDD）方式的 LTE/LTE-Advanced（LTE 演进）技术成为事实上唯一的 4G 国际标准。LTE/LTE-Advanced 作为新一代宽带无线移动通信技术，以 OFDM 和 MIMO 技术为基础，并在移动通信空中接口技术中全面采用优化的分组数据传输。LTE 大量采用了移动通信领域最先进的技术和设计理念，包括简化的扁平网络架构、OFDM 多址技术、多天线 MIMO 技术、快速的自适应分组调度和灵活可变的系统带宽等，实现了高效的无线资源利用，其性能大大高于传统的 3G 移动通信系统。

我国积极推动 TD-LTE 技术标准制定、产业研发及商用发展。在标准方面，我国企业积极参与国际标准研究，贡献 4G 技术标准方案；在产业方面，我国全面部署产业链，以市场为导向、企业为主体，坚持产学研用相结合，支持 4G 创新链和产业链建设，打造了包括系统设备、芯片及关键器件、终端、测试仪表等环节的完整产业链；在市场方面，我国坚持融入全球 LTE 市场，推进 TD-LTE 国际化发展，基本实现了与全球 LTE FDD 在标准、产业化和商用上的同步发展，形成了更大的市场规模和产业效益。截至 2020 年第一季度，全球 86 个国家和地区部署了 178 张 TD-LTE 商用网络。我国也建成了全球最大的 4G 网络，拥有全球最大的 4G 用户市场，智能手机的普及以及网络速率的提升带动了我国移动互联网市场的蓬勃发展。移动互联网早已渗透到日常生活的方方面面，从衣食住行到医教娱乐，都离不开 4G 网络的支持。同时，4G 还造就了一批世界级的移动互联网巨头，腾讯、阿里巴巴公司的市值曾一度分列全球互联网公司的第三和第五位，我国移动支付、电商物流、社交平台、短视频等领域得到了较大发展。在 2017 年 1 月 9 日举行的国家科学技术奖励大会上，"第四代移动通信系统（TD-LTE）关键技术与应用"项目荣获 2016 年度国家科学技术进步奖特等奖，这标志着移动通信产业在我国登上了科技创新的高峰。

（五）5G：从人人互联到万物互联

当前，移动网络已融入社会生活的方方面面，深刻地改变了人们的沟通、交流乃至整个生活方式。4G 网络造就了非常辉煌的互联网经济，解决了人与人通信的问题，开启了消费互联网时代。移动支付、共享平台、电子商务等改变人们生活的案例数不胜数，现在人们出门可以不带钱包，只需一部手机就可以完成出行、购物、支付等各种事务，这在 4G 之前是很难想象的，所以人们说 4G 改变了生活。

第五代移动通信（5G）的发展及应用，尤其是与交通、制造、医疗、家居、物流等垂直行业相融合，将开辟一个产业互联网新天地。5G 将发挥"催化剂"和"倍增器"的作用，比如 5G 与制造业相结合，将有效提高全要素生产效率，显著降低企业运营成本，优化制造资源配置，全面推动产业从自动化向数字化、网络化、智能化转型。高速率、低时延、大连接等显著特性使 5G 具备了成为新型网络基础设施的技术基础，与传统基础设施深度融合，将给整个社会带来更大范围、更深层次的影响，整个社会将会步入一个更加智能的万物互联新时代。

第三章

什么是 5G？

　　什么是 5G？它有哪些基本特征和典型的应用场景？其技术与标准化演进过程是怎样的？最终它将实现哪些愿景？为进一步厘清 5G 发展的总体脉络，有必要准确把握面向未来需求的 5G 技术演进方向和技术路线选择。

如果说 1G 到 4G 主要是面向个人，解决人与人之间的通信需求，那么 5G 应用将拓展到智能制造、自动驾驶等垂直行业，带动产业互联网蓬勃发展。5G 作为一项重大革命性、赋能型技术，其作用已经超越了单纯的移动通信范畴，以其全新的网络架构、十倍于 4G 的峰值速率、毫秒级的传输时延和千亿级的连接能力，正在开启万物泛在互联、人机深度交互的新时代。

一、5G 发展愿景

2019 年，我国和日本等都拍摄了 5G 概念宣传片，向人们展示了什么是 5G，5G 将给人们的工作生活以及社会带来什么影响。在宣传片中，无人驾驶、虚拟现实（Virtual Reality, VR）/ 增强现实（Augmented Reality, AR）、无人超市、远程诊疗、远程控制无人机、全息投影等之前只能在科幻电影中才能看到的场景相继呈现，为我们勾勒出美好的 5G 愿景。

（一）5G 总体愿景

移动通信经历了 1G/2G/3G/4G 的跨越式发展，通过不断引入革命性技术，持续提升数据传输速率，不断与互联网、计算等技术交叉融合创新，推动了移动互联网技术、产业和应用的爆发式增长。据工业和信息化部发布的数据显示，截至 2020 年 3 月底，我国 3 家基础电信企业手机上网用户规模已达 12.95 亿户，3 月用户平均使用移动互联网接入流量（DOU）达到 9.5GB。4G 时代，数以百万计的应用不断涌现，渗透到了人们生活的方方面面，移动通信在满足多元化移动互联网业务需求的同时，也造就了阿里巴巴、百度、腾讯、字节跳动、美团、滴滴等一大批移动互联网商业巨头。随着移动互联网业务深入发展，用户更加关注网络体验，多样应用拉动数据流量激增，形形色色的终端设备连接需求、人口密集地区的高质量移动网络接入，对 4G 网络提出了严峻挑战。除移动互联网外，移动医疗、车联网、智能家居、工业控制等物联网应用也呈现爆炸式增长趋势，数以千亿的设备将接入网络。为满足移动互联网和物联网的发展需求，5G 网络应运而生。

"信息随心至，万物触手及"是 5G 为人类社会描绘的美好愿景，如图 3-1 所示。5G 是一种新型移动网络，可满足多种多样的连接需求，不仅速度更快，而且容量更大、响应时间更短，不仅要解决人与人通信，更要解决人与物、物与物通信问题，极致体验如影随

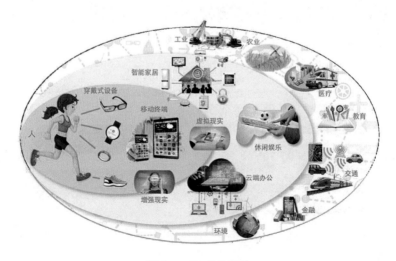

图 3-1　5G 总体愿景

形，超可靠、超实时。5G 将渗透到未来经济社会的各行业、各领域，以用户为中心构建全方位的信息生态系统；5G 将使信息突破时空限制，提供极佳的交互体验，为用户带来身临其境的信息盛宴；5G 将拉近万物的距离，通过无缝融合的方式，便捷地实现人与万物的互联互通。5G 将为用户提供光纤般的接入速率，"零"时延的使用体验，海量设备的连接能力，超高流量密度、超高连接数密度和超高移动性等多场景的一致服务，同时将为网络带来极大的能效提升，最终实现万物互联、"信息随心至，万物触手及"的总体愿景。

（二）驱动力与市场趋势

未来，移动互联网与物联网将成为 5G 发展的两大驱动力，如图 3-2 所示，移动互联网用户多元化、个性化、极致的应用体验需求，以及数以千亿计的物联网设备接入网络需要，为 5G 提供了广阔的前景和发展空间，将成为触发新一代移动通信技术和产业变革的重要因素。

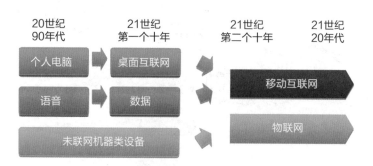

图 3-2　5G 发展的驱动力

根据中国 IMT–2020（5G）推进组①《5G 愿景与需求白皮书》对 5G 市场需求的预测，如图 3–3 所示，随着移动互联网应用的普及和发展，移动数据流量将出现爆炸式增长，2010—2030 年全球移动数据流量将增长近 2 万倍，中国的移动数据流量增速高于全球平均水平，增长将超 4 万倍。

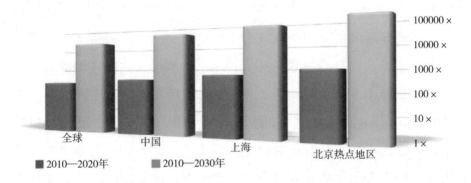

图 3–3　2010—2030 年全球和中国移动数据流量增长趋势

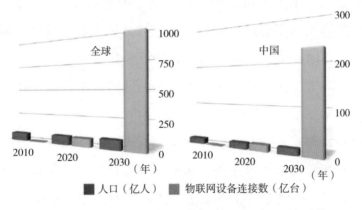

图 3–4　2010—2030 年全球和中国物联网设备连接数增长趋势

---

①　IMT–2020（5G）推进组于 2013 年 2 月成立，中国信息通信研究院担任组长单位，成员包括主要的运营商、制造商、高校和研究机构。

对于物联网，各种行业应用将呈现出多样化发展趋势，其泛在化特征日益显现，到 2030 年，全球物联网设备连接数将接近 1000 亿台，其中中国超过 200 亿台，如图 3-4 所示。

（三）业务和用户需求

移动互联网主要面向以人为主体的通信，注重提供更好的用户体验。未来，超高清视频、3D 和 VR/AR 等浸入式视频的流行将会驱动数据速率需求大幅提升，例如 8K 视频需要的传输速率至少为100Mbit/s。AR、云桌面、在线游戏等业务，不仅对上下行数据传输速率提出挑战，同时也对时延提出了"无感知"的苛刻要求。未来大量的个人和办公数据将会存储在云端，海量实时的数据交互需要可媲美光纤的传输速率，并且会在热点区域对移动通信网络造成流量压力。未来人们对各种应用场景下的通信体验要求越来越高，用户希望能在体育场、露天集会、演唱会等超密集场景，高铁、地铁等高速移动环境下也能获得一致的业务体验。

物联网主要面向物与物、人与物的通信，不仅涉及普通个人用户，也涵盖了大量不同类型的行业用户。物联网业务类型非常丰富，业务特征也差异巨大。对于智能家居、智能电网、环境监测、智能农业和智能抄表等业务，需要网络支持海量设备连接和大量小数据包频发；视频监控和移动医疗等业务对传输速率提出了很高的要求；车联网和工业控制等业务则要求毫秒级的时延和接近 100％的可靠性。另外，大量物联网设备会部署在山区、森林、水域等偏远地区以及室内角落、地下室、隧道等信号难以到达的区域，因此要求移动通信网络的覆盖能力进一步增强。为了渗透到更多的物联网业务中，5G 应具备更强的灵活性和可扩展性，以适应海量的设备连接和多样化的用户需求。

　　无论是对于移动互联网还是物联网，用户在不断追求高质量业务体验的同时也在期望成本的下降。同时，5G 需要提供更高、更多层次的安全机制，不仅能够满足互联网金融、安防监控、安全驾驶、移动医疗等应用所需要的极高安全要求，也能够为大量低成本物联网业务提供安全解决方案。此外，5G 应能够支持更低功耗，以实现更加绿色环保的移动通信网络，并大幅提升终端电池续航时间，尤其是对于一些物联网设备。

二、5G 的三大核心特征

　　4G 之前的各代移动通信一直关注的是速率问题，为用户提供更高的传输速率是网络演进和优化的目标。随着 5G 应用场景拓展到物联网领域，关注的性能指标更加多样化，要求速度更快、容量更大、响应时间更短，5G 可提供高达 Gbit/s 的数据速率、低至毫秒级的时延、每平方千米百万级别的接入连接数。高速率、低时延和大连接成为 5G 最突出的三大特征。

（一）高速率

　　更高的速率永远是移动通信网络演进不懈追求的目标，也是 5G 区别于 4G 的一个基本特点。每一代移动通信相比前一代都有 10 倍以上的数据传输速率的提升。2G 的数据传输速率仅为 9.6kbit/s，3G

时代提升到 2Mbit/s 以上，4G 最高速率可达 100Mbit/s，下载一部高清电影需要几分钟时间，而 5G 的下载速率可超过 1Gbit/s，也就是说，一部 1GB 大小的超高清电影最快 1 秒钟即可下载完成。数据传输速率的提高还将大幅度提升用户体验，在更大带宽、更高速率的支持下，4K 甚至 8K 高清视频、3D 视频、VR/AR、全息视频等更高级的显示方式将走进日常生活并获得广泛应用。例如，新冠肺炎疫情期间，无法到校上课的学生需要通过网络进行课程学习，受 4G 网速约束，尤其是在线用户数较多的情况下，会存在一定的卡顿现象，直播上课的效果难以保障，而 5G 更高的速率不仅可以使学生获得更好的直播体验，甚至已经有学校在探索通过 VR/AR 技术，实现边远山区的孩子和城里的孩子在虚拟课堂同上一堂课。

（二）低时延

5G 之前的历代移动通信网络都是面向人与人通信的，对信息传输时延的需求并不高，一般 140 毫秒的听觉视觉时延不会影响交流效果。然而，对于无人驾驶、远程医疗手术、工业自动化控制等场景来说，这种时延是无法接受的。5G 无线传输时延可达毫秒级，可满足部分时延敏感业务的需求。想象一下高速前进中的无人驾驶汽车，一旦需要制动，就要瞬间把信息传送到车上制动系统，否则后果不堪设想；再如成百上千架无人飞机机群高空飞行，每一架飞机之间的距离和动作都要极为精确，哪怕一个信息传输时延太久，都可能发生重大灾难性事故；远程手术中的手术刀，操作指令不及时送达，差之毫厘，都将威胁生命安全。当前的 4G 网络无线传输时延在 10 毫秒以上，显然无法满足上述场景的需求，5G 通过大量技术配合，可以使无线传输时延降低到 1—10 毫秒，支撑更多超高可靠低时延场景实现，让在电视直播中主持人连线外地现场记者时不再有延迟，更加顺畅，让医生可以获得与现场手术相近的感觉。

（三）大连接

5G 的愿景目标是实现万物互联。除传统的手机终端连接到 5G 网络外，来自各行各业的形态各异的物联网终端也将接入网络，联网设备数量将出现爆发式增长，5G 网络具备每平方千米百万级别的用户连接能力，以保证核心城市或工厂区域的联网终端可以同时接入网络。借助 5G 网络，海量物联网终端可进行实时联结，形成真正的万物互联，人们的工作生活将更加便利，城市管理将更加高效。比如在城市基础设施加装传感器模块，可以实时感知人、车、物的各类信息，甚至每个家庭的水、电、煤气等日常消费，城市管理和规划部门就可以据此分析需要升级哪些城市功能，可以为城市管理提供精确的决策参考。同时，城市的应急响应能力也将大幅提升，比如，某地如果发生火灾，无需个人报警，传感器将第一时间感知并将通知消防部门，消防部门将据此调配最近距离的消防车，并为其找到用时最短的路线。

三、哪些场景最需要 5G？

移动通信从 1G 演进到 4G，虽然网络速率成 10 倍提升，但本质并没有改变，都是面向移动互联网场景，目标都是为解决人与人之间通信的问题，发展到 5G 阶段，除了要满足人与人通信需求外，更重要的是解决人与物、物与物通信的问题，5G 的应用场景从传统的移动互联网拓展到物联网领域。

2015 年，ITU 定义了 5G 的三大应用场景，即增强移动宽带（enhanced Mobile Broadband, eMBB）、超高可靠低时延通信（ultra-Reliable and Low Latency Communications, uRLLC）和海量机器类通信（massive Machine Type Communication, mMTC），如图 3–5 所示。

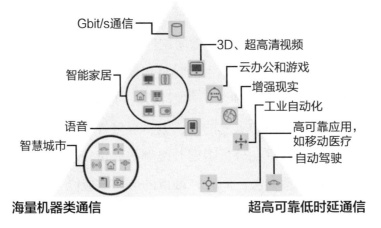

图 3–5　5G 的三大应用场景

（一）增强移动宽带场景

增强移动宽带是传统的移动互联网场景，可进一步划分为连续广域覆盖和热点高容量场景，连续广域覆盖将提供无缝的连续网络覆盖，为用户提供移动性和业务连续性保证；热点高容量主要面向局部热点区域，为用户提供极高的数据传输速率，满足用户极高流量需求。当前 4G 用户的体验速率一般仅为几 Mbit/s，虽然可以满足用户对音频、视频和图像等基本业务应用需求，但随着人们生活水平的提高，人们不断追求更高品质的业务体验，对数据传输速率和时延提出了更高要求，现有的 4G 网络难以满足。根据 ITU 确定的 5G 关键性能指标，5G 的小区峰值吞吐量理论最高达到 20Gbit/s，当前采用中频段可达到 5Gbit/s，单用户峰值速率可达 1Gbit/s，相比于 4G，提升了 10 倍以上，可以支持如高清视频、3D 视频、VR/AR 等浸入式业务应用，用户体验将发生翻天覆地的变化。

——超高清直播。2018 年，在韩国平昌冬季奥运会期间，韩国运营商韩国电信公司采用最新的 8K 和 VR 技术，如实记录了体育健儿的激烈角逐，大量比赛采用了 VR 直播，包括高山滑雪、花式滑冰、高台滑雪、单板滑雪等，沉浸式和交互式 360 度画面，美轮美奂的雪景，给用户带来了身临其境的现场参与体验。2019 年我国的国庆盛典上，中央广播电视总台与运营商合作，利用 5G 网络实现了 4K 超高清视频直播，在直播过程中除固定机位外，还增加了多个 5G 移动机位，摆脱了传统直播线缆的束缚，借助 5G 网络，将方阵中 4K 摄像机拍摄到的超高清画面实时传送到中央广播电视总台演播室，呈现在全国广大观众面前，电视机前的观众通过"沉浸式"直播，体验到犹如亲临现场般的欢庆气氛。

——远程安防监控。火车站、旅游景点等人流拥挤的地方，尤其是在春节、国庆等节假日期间，极易造成人员伤亡事故，通过部署 4K/8K 超高清视频安防监控，有利于预防和及时处置突发事件，避免人员伤亡。此外，结合 4K/8K 超高清视频监控画面，借助人工智能（Artificial Intelligence, AI）和大数据技术，可以开展高准确性的人脸识别、车牌识别等应用。在一些危险或艰苦地区，还可以通过支持远程操控的超高清视频拍摄车，利用 5G 网络回传超高清视频及传感器监测数据，实现远程自动化操控下的现场无人值守，有效解决对危险及艰苦地点进行监控的难题。

——智能制造。5G 与 AR 的结合将在智能制造领域开发出更大的潜能。国产大飞机 C919 的内部有成百上千的电缆、管线需要对接安装，不能出现丝毫差错，现阶段即使很有经验的工人按照图纸进行连接，效率也非常低，质量也无法得到保障。上海商飞公司通过"5G+AR"技术，在边缘计算服务器辅助下，当工人通过 AR 眼镜看到哪根电缆，网络就会提示工人应该与哪根线缆连接，这样，即使没有经过专门培训的工人也都可以进行正确的连接，工作效率和准确率得到大幅提升，这也是"5G+AR"技术在生产制造领域的成功实践和应用。

（二）超高可靠低时延通信

2019 年热播的影片《流浪地球》中有一个片段，在冰冻的地球大地上，大量的车辆同时集体 180 度转向却没有一丝一毫的碰撞，这是 5G 超高可靠低时延通信技术在车联网中的应用。

对于普通用户浏览网页、音乐、视频等日常应用，数十毫秒的时延不会有太大的影响，但是对无人驾驶、远程操控等业务应用，则需要极低的时延和极高的可靠性保障，很小的时延或信息错误都可能造成严重的事故和不可挽回的损失。超高可靠低时延通信是 5G 的另一重要应用场景，重点满足物联网应用中对时延和可靠性要求极高的特殊应用需求，如车联网、智能电网、工业控制等，它要求 5G 可以提供毫秒量级的端到端业务传输时延和接近 100% 的可靠性保证，单纯靠人为操作是很难做到的，但借助 5G 的车联网技术，就可以很轻松地完成。可以预见，在不久的将来，在高速公路上，可以看到无人驾驶的车队在编队行驶；在医院，专家正在远程操控手术机器人为外地患者进行手术治疗；在矿山，工作人员在舒适的办公室里控制着矿山机械在危险环境进行采矿作业。

——远程手术。2019 年 3 月，解放军总医院的神经外科主任医师凌志培，为解放军总医院的一名帕金森病患者完成了"脑起搏器"植入手术，两地距离超过 3000 千米，手术取得了圆满成功。依靠 5G 技术的赋能，利用中国移动搭建的 5G 网络，我国成功完成了基于 5G 网络的远程操控人体手术，解决了远程手术对网络性能需求极高的问题，满足了信息传输的极低时延、极高可靠性要求，而这一切是 4G 网络无法做到的。在速率方面，4G 网络只能完成普清图像传输，最多可以帮助医生实现远程会诊，无法实现实时、超高清图像传输；在时延方面，4G 网络无法支持医生与手术机械臂之间的实时控制。5G 的峰值速率可达 10Gbit/s 以上，无线传输时延低至 1 毫秒，时延和可靠性完全可以满足远程手术的性能需求，稳定、清晰的画面和声音，让医生感觉不出与传统现场手术操作的差别，医生可以身临其境地完成手术。此次 5G 远程手术的成功开启了 5G 应用的新篇章，也打开了医疗资源配置的新窗口，利用 5G 网络，上级医院高水平的专家可以远程对偏远地区的患者进行诊治甚至手术，有效提高医院、医生的工作效率，打破时空限制，实现优质的医疗资源有效共享。

——自动驾驶。2018 年 3 月，美国发生了两起与自动驾驶有关的事故，让人记忆犹新。一起是特斯拉在使用自动驾驶辅助系统的情况下，撞上了前面停下的一辆消防车，导致消防车驾驶员死亡；另一起是优步自动驾驶测试车在道路上撞死一名行人，两起事故几乎都与识别技术有关。当前的自动驾驶分为单车智能和车路协同两条技术路线。单车智能是通过车辆自身的感知、决策和控制能力，来处理车辆行驶过程中所遇到的所有情况，以实现安全驾驶。但单车智能真的安全吗？车上的传感器由于视角和高度的限制，总是有盲区的，如果路边有障碍物，它是不可能看到障碍物后面情况的，这有非常大的安全隐患；还有感知距离，大部分的激光雷达的有效感知距离都在几十米左右，在较高车速条件下，车辆根本来不及作出反应，这些都是单车智能很难解决的问题。单车智能的另一个问题是成本不可控，要满足自动驾驶需求，车辆需要配备非常多且昂贵的传感器，高昂的成本导致单车智能车辆难以落地。相比之下，车路协同是理想的解决方案。车路协同通过车、路感知设备以及车联网的信息交互对交通环境进行实时高精度感知。在车路协同情况下，利用5G网络的低时延、高可靠、高速率和大连接的能力，车联网不仅可以帮助实现车辆间位置、速度、行驶方向和行驶意图的沟通，更可以利用路边设施辅助车辆对环境进行感知。比如，车辆利用自身的摄像头可能无法保证对交通信号灯进行准确的判断，但是利用车联网技术，交通信号灯把灯光信号以无线信号的方式发给周边的车辆，确保自动驾驶汽车准确了解交通信号灯的状态。不仅如此，交通信号灯还可以广播下次信号改变的时间，甚至其他相邻路口未来一段时间内的信号状态，自动驾驶车辆可以据此精确地优化行进速度和路线，选择一条红灯最少、行驶最快的路线。

（三）海量机器类通信

移动互联网时代，联网设备以手机为主，随着物联网时代的到来，联网设备的终端形态将更加多样化，数量也将呈现指数级增长。面向 2020 年及未来，移动医疗、智能家居、环境监测、智慧农业等将推动物联网应用爆炸式增长，数以千亿的设备将接入网络，万物互联时代将真正到来。海量的设备连接要求 5G 网络具备更大的用户连接能力，根据 ITU 指标要求，5G 需要支持每平方千米百万级别的连接数密度，同时要实现终端的超低功耗和超低成本。

——智能家居。可以想象这样的场景，当你下班回到家，智能摄像头可以自动识别主人、打开房门，如果是夜间，会将屋内的灯打开，调整好室内温度，打开你喜欢的音乐；如果识别为非法入侵者，它也会自动报警。5G 技术应用于家居领域，将赋予家居产品一定的智慧能力，这样的场景在不久的将来会成为现实。近年来，以智能手机为代表，各种智能设备不断出现，智能电视、智能手环、智能音箱、智能开关等都已经走入日常生活，多种设备协同感知场景，通过网络协同工作，将会自动根据主人的习惯作出适当的反应。

——智慧城市。通过 5G 物联网，可对城市信息资源进行全面整合及业务协同，实现城市管理系统中人与物、物与物之间相互感知、互联互通，不断提高管理效率及效果。如基础设施，路灯、水表甚至垃圾桶等安装物联网模块进行连接后，城市管理者可以精确地知道每个基础设施的状态，比如哪一盏路灯坏了，哪一段水管漏了，哪一个垃圾桶满了，等等，提高城市的运行效率和方便人们生活。而交通基础设施应用 5G 联网技术后，通过将所采集到的数据信息资源自动整合、分析、预测，可以实现交通资源效率的最大化，为智慧城市运营及经济发展提供支撑。

——智慧农业。将 5G、物联网、人工智能、大数据等信息技术与农业进行深度融合，可以实现农业生产全过程的信息感知、精准管理和智能控制，从而形成一种全新的农业生产方式。农业种植主要通过传感器、摄像头和卫星等收集数据，借助大数据分析，及时了解农作物生长、病虫害等情况，实现农业数字化和农机装备的数字化。智慧养殖则可以通过传感器、摄像头等收集畜禽产品的数据，通过收集的数据判断畜禽产品的健康状况、喂养情况、位置信息等，对其进行精准管理。例如，当前一些养殖企业推出的人工智能养猪，就为每头猪都建立了专门的档案，通过传感器和高清摄像头监控每头猪的活动情况和健康状况，通过大数据分析来判断猪肉品质，形成了更智能、更精细的养殖模式。

——智慧物流。智慧物流以 5G 物联网等信息技术为支撑，在物流的运输、仓储、配送等各个环节实现系统感知、全面分析及处理等功能。通过物联网技术实现对货物的监测以及运输车辆的监测，包括货物车辆位置、状态、油耗及车速，以及货物温湿度等。物联网技术的使用能提高运输效率，提升整个物流行业的智能化水平。

四、5G 之花：关键性能指标

在开展 5G 技术方案研究及国际标准制定之前，除 5G 的愿景需求及应用场景外，还要明确 5G 的关键性能指标。5G 的关键性能指标由 ITU 研究制定，只有满足 5G 关键性能指标的技术方案才能被 ITU 认证为 5G 国际标准。

（一）我国提出的 5G 关键能力指标建议

我国早在 2013 年就启动了 5G 愿景需求及关键能力指标的研究，IMT—2020（5G）推进组通过对 5G 典型场景的分析梳理，结合不同典型场景条件下业务需求预测，最终提出了 5G 需要满足的关键能力指标建议。我国提出的 5G 关键能力指标主要分为性能指标和效率指标两大类，其中性能指标主要包括用户体验速率、连接数密度、端到端时延、流量密度、移动性和峰值速率；效率指标包括频谱效率、能量效率和成本效率。具体指标建议包括：5G 网络需要支持 0.1G—1Gbit/s 的用户体验速率，每平方千米 100 万的连

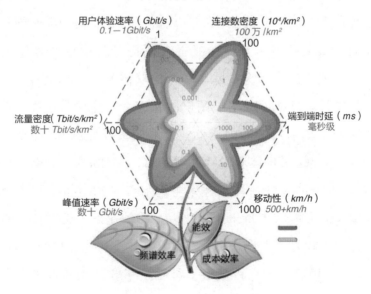

图 3-6　IMT—2020（5G）推进组提出的"5G 之花"

接数密度，毫秒级的端到端时延，每平方千米数十 Tbit/s 的流量密度，每小时 500 千米以上的移动性和 10Gbit/s 以上的峰值速率。同时，5G 还需要大幅提高网络部署和运营的效率，相比于 4G，频谱效率提升 5—15 倍，能效和成本效率提升百倍以上。

性能需求和效率需求共同定义了 5G 的关键能力，为了更加形象地表示 5G 关键能力，IMT—2020（5G）推进组提出了在 ITU 具有重要影响的"5G 之花"关键能力指标体系，如图 3–6 所示，其中，花瓣代表了 5G 的六大性能指标，体现了 5G 满足未来多样化业务与场景需求的能力，花瓣顶点代表了相应指标的最大值；绿叶代表了三个效率指标，是实现 5G 可持续发展的基本保障。

（二）ITU 最终确定的 5G 关键能力指标体系

2015 年 6 月, ITU 确定 5G 的关键能力指标体系，如图 3–7 所示，外圈较深颜色的是 5G 性能指标，内圈浅颜色的是 4G 所能达到的性能指标，相比于 4G，5G 性能将大幅提升。根据 ITU 定义，5G 共包含八大关键能力指标，除了传统的峰值速率、移动性、时延和频谱效率之外，ITU 还提出了用户体验速率、连接数密度、流量密度和能效四个新增关键能力指标，以适应多样化的 5G 场景及业务需求。其中，5G 用户体验速率可达 0.1G—1Gbit/s，能够支持移动 VR 等极致业务体验；5G 峰值速率可达 10G—20Gbit/s，流量密度可达 10Mbit/s/m^2，能够支持未来千倍以上移动业务流量增长；5G 连接数密度可达 100 万个 / 平方千米，能够有效支持海量的物联网设备；5G 无线传输时延可达毫秒量级，可满足车联网和工业控制的严苛要求；5G 能够支持每小时 500 千米的移动速度，能够在高铁环境下

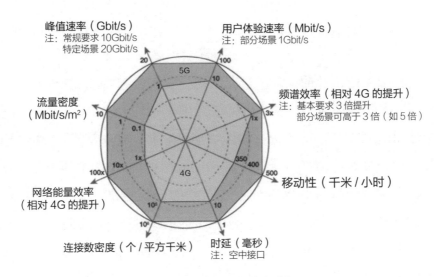

图 3–7　5G 与 4G 关键能力对比

实现良好的用户体验。此外，为了保证对频谱和能源的有效利用，5G 的频谱效率将比 4G 提高 3—5 倍，能效将比 4G 提升 100 倍。

五、5G 创新的标准化里程碑

国际标准化作为 5G 最核心的部分，受到各主要国家、地区及主流企业的高度关注，历经 3G 和 4G 时代的发展，在 5G 国际标准化开始之前，打造全球统一的 5G 国际标准已成为业界共识。5G 标准的演进也是一个长期持续的过程，早在 2016 年就启动了 5G 国际标准的研制，在全球产业界的共同努力下，2018 年发布的第一版 5G 标准（R15）成为 5G 发展过程中的重要里程碑，在 2020 年 7 月 3GPP 宣布第二版 5G 标准（R16）冻结，并计划在 2021 年底推出第三版 5G 标准（R17）。

（一）5G 国际标准由谁制定？

移动通信领域的国际标准化组织主要包括 ITU 和 3GPP，其中，ITU 是主管信息通信技术事务的联合国机构，主要负责分配和管理全球无线电频谱，制定新一代移动通信愿景、需求及关键性能指标等，但 ITU 并不直接制定具体的移动通信标准。3GPP 成立于 1998 年，现由 7 个伙伴组织构成，包括欧洲电信标准化协会（ETSI）、中国通信标准化协会（CCSA）、日本的无线工业及商贸联合会（ARIB）和电信技术委员会（TTC）、韩国的电信技术协会（TTA）和北美地区的世界无线通信解决方案联盟（ATIS）等。3GPP 最初成立的目标是为 3G 制定全球统一的技术标准，但随着移动通信技术的发展演进，其工作范围也随之扩大，不仅完成了 4G 标准制定，也是 5G 国际标准的制定者。3GPP 完成 5G 技术规范后，需要 ITU 的认可，只有通过 ITU 评估、认可的技术规范才能正式被认定为 5G 国际标准，如图 3-8 所示。

目前，3GPP 有超过 550 家成员单位，覆盖运营商、设备制造

图 3-8　移动通信主要国际标准化组织

企业、终端企业、芯片企业等。我国于 1999 年加入 3GPP，随着我国移动通信企业的快速发展和实力提升，已成为国际标准化的主要力量之一。我国目前已经有超过 100 家企业或机构成为 3GPP 的正式成员，包括中国移动、中国电信、中国联通等运营企业，华为、中兴通讯、中国信科、中国普天等设备企业，海思、展讯、OPPO、vivo、小米等芯片及终端企业，以及中国信息通信研究院等科研机构。

（二）5G 关键技术创新

5G 标准为支持增强移动宽带、超高可靠低时延通信和海量机器类通信三大场景的多业务多场景应用，满足 ITU 提出的 5G 关键性能指标，进行了一系列的技术创新，采用了与 4G 不同的设计理念，其中无线技术采用了灵活的系统设计方案，在同一硬件平台可以满足高速率、低时延、大连接等多场景应用需求，并进一步引入低密度奇偶校验码（LDPC）、极化码（Polar）等新型编码方式、大规模天线技术、新型多载波等新型基础技术来进一步提升网络性能。5G 核心网采用全新服务化网络架构，可针对不同业务场景快速开发定制化的网络业务流程，实现网络切片和边缘计算，这些业务能力都是 4G 系统无法实现的。

可以把 5G 网络比作一个复杂的城市综合交通系统，要同时支撑多样性、个性化需求，既要有高速运输需求的高速公路，也要有时间可保障的地铁，还要支持对时间、速度需求不高的自行车道、人行道等。在 5G 网络中，对于高清视频、VR/AR 类对数据传输速率需求较高的业务应用，需要分配更大的带宽和更多的频谱资源，并运用大规模天线、先进编码等先进技术实现更高的频谱效率，就像高速公路，要提高公路运输能力，就需要更多车道和速度更快的汽车，更大带宽相当于高速公路上更多的车道，更高的频谱效率相当于速率更快的汽车，通过增加带宽和提升频谱效率，可以获得更高的传输速率和网络容量。对于工业控制、车联网等应用场景，为满足其在时延和可靠性等方面苛刻的性能要求，5G 采用了更短的符号和时隙长度，就像地铁系统，通过缩短地铁发车间隔，可有效降低旅客所需的出行时间。对于智能抄表、智能家居等物联网业务应用，虽然这类应用对于网络通信能力需求不高，对时延和可靠性也不敏感，但要求较低的功耗和成本，在 5G 系统中通常采用更窄的传输带宽和更简化的方案设计来实现，这类应用更像我们城市交通中的行人和自行车，虽然速度不快，但数量庞大且绿色环保。

（三）5G 国际标准及演进

为了满足全球漫游的特性，形成全球统一的移动通信标准至关重要。经过全球产业界的共同努力，形成了全球统一的 5G 标准，

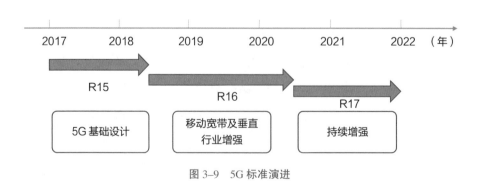

图 3-9 5G 标准演进

实属不易。5G 标准演进如图 3-9 所示。

3GPP 从 2016 年开始启动 5G 国际标准的研制，到 2018 年 6 月完成了第一版本的 5G 国际标准（R15）。该版本重点完成了增强移动宽带技术，并根据全球市场需要，先后支持了独立组网和非独立组网两种方式。2017 年 12 月，首先发布支持非独立组网的标准。2018 年 6 月，支持独立组网的标准发布。

2020 年 7 月，3GPP 宣布第二版 5G 标准（R16）冻结。R16 在增强移动宽带业务能力的同时，将重点支持车联网、工业互联网等低时延高可靠应用场景。

5G 国际标准在完成 R15 和 R16 两个版本的标准化后，还将持续不断地进行演进。3GPP 初步明确 5G 下一个版本（R17）的完成时间在 2021 年年底。

5G 标准的演进方向大致分为三条主线。

主线一，传统的移动宽带业务的支持增强。比较有代表性的增强技术主要包括大规模天线增强技术、终端节能技术、多载波连接及聚合增强技术、覆盖增强技术等。

主线二，5G 向垂直行业拓展增强支持。在 5G 国际标准化之初，根据 5G 整体愿景，5G 要实现万物互联的宏大愿景，非常重要的增强方向就是对于各个垂直行业的支持。其中已经开始标准化的重要方向包括 5G 车联网、5G 工业物联网增强、5G 卫星通信网络、5G 免许可频段接入等。未来随着 5G 广泛部署，更多垂直行业也将不断采用基于 5G 的解决方案。目前 3GPP 已经吸引了大量垂直行业企业参与到 5G 国际标准制定中，比较有代表性的有宝马、奔驰等汽车企业，谷歌、脸书（Facebook）、腾讯、阿里巴巴等互联网企业及众多卫星公司企业。随着更多垂直行业应用 5G 和更多垂直行业公司进入 3GPP 参与到国际标准制定，未来的 5G 也将更加开放，赋能更多垂直行业。

主线三，支持更高的频率。5G 高频主要是毫米波频段，在设计之初，5G 目标支持频率预计达到 100GHz，在 5G R15 及 R16 标准中，工作频率可以支持到 50GHz 左右。未来，随着 5G 标准的持续演进，将不断探索支持更高的频率，扩展现有波形及基础参数，或者采用全新的波形设计将是支持更高频率的主要手段，但从实际商业需求看，目前支持 50GHz 以上频率的紧迫性和实际应用场景等还不是特别明确。

（四）5G 国际标准制定的典型案例

在全球产业界的共同努力下，国际标准化组织综合考虑各方需求，制定形成了全球统一的 5G 国际标准，本节重点介绍对 5G 国际标准制定产生重要影响的几个标志性事件。

1. 公开试验规范联盟推动 5G 国际标准加速

在 5G 国际标准化之初，美国运营商威瑞森（Verizon）公司和韩国运营商韩国电信公司从自身业务发展需求出发，期望能够在 2018 年实现 5G 商用，由于 3GPP 启动 5G 国际标准化工作较晚，无法满足美韩运营商 2018 年商用部署的要求，因此，Verizon 联合韩国电信公司、日本运营商都科摩（NTT DoCoMo）以及主要的设备制造企业，成立了公开试验规范联盟（Open Trial Specification Alliance, OTSA），基于 4G 标准框架进行了面向毫米波的新空口标准制定，其中，Verizon 还对外发布了 Verizon 5G 空口规范，并希望 3GPP 的 5G 国际标准能和该规范保持兼容。这一由少数公司制定规范，再输出到 3GPP 的做法影响了 5G 国际标准的独立性和权威性，并可能导致 5G 标准和产业分裂，因此受到了主要设备制造企业和大部分运营企业的联合抵制，主要芯片厂商也宣布放弃对公开试验规范联盟的后续支持。

2. 极化码（Polar）与低密度奇偶校验码（LDPC）的选择

信道编码是通信领域最基础也是最核心的部分，信道编码方案的优劣直接决定了整个 5G 系统的基础性能，因此，编码方案是各公司关注的焦点。5G 信道编码候选方案主要包括：高通、三星、英特尔、诺基亚等公司主推的 LDPC 码，爱立信等公司主推的 Turbo 码，华为等公司主推的 Polar 码。每种编码都有其各自特点和优势，LDPC 码是美国麻省理工学院罗伯特·克拉克（Robert Gallager）教授提出的，自 1960 年诞生以来，已被广泛研究并应用于 Wi-Fi、WiMAX 中，在高速率大码块数据传输上具有明显优势；涡轮（Turbo）码是 1993 年由两位法国教授克劳德·贝鲁（C. Berrou）和阿雷恩·格莱维欧克斯（A. Glavieux）发明的，是 3G 和 4G 的核心数据信道编码方案，但在高速率译码方面存在一定缺陷；Polar 码是编码界的新星，2008 年由土耳其的埃达尔·阿利坎（Erdal Arikan）教授提出，经过以华为为代表的多家公司持续研究，性能得到迅速提升，尤其在小数据包低码率传输上具有非常出色的性能。5G 编码方案的确定经过了多轮讨论、决策，以及全面的性能比对，最终确定 5G 数据信道采用 LDPC 码，而控制信道采用 Polar 码。Polar 码和 LDPC 码的选择受到媒体的广泛关注，但根据 3GPP 的工作流程，作为纯粹的技术性组织，为保证技术的先进性和竞争力，并不是简单以票多者胜出为原则，而是最大限度上获得全体的支持，因此，当时媒体炒作的投票、联署差一票或两票对最终的决策并没有产生决定性影响。

3. 独立组网与非独立组网方式

在 5G 设计之初，不同运营商及厂商对 5G 的定位和期望有所不同。尤其是部分日韩及美国运营商将 5G 主要定位于高频段，希望以 4G 网络为基础，5G 作为热点进行补充，尽早实现 5G 商用。而以中国运营商为代表的众多公司希望 5G 能够规模独立部署，最大限度发挥 5G 优越的性能，带来新一轮的信息技术革命。

3GPP 为满足不同运营商的不同需求，定义了非独立组网与独立组网两种组网方式，其中非独立组网是独立组网的中间阶段，独立组网是 5G 发展的最终目标。非独立组网无法独立部署，需要与现有的 4G 网络联合组网，主要面向增加移动宽带场景，可以看作是对现有 4G 网络的扩容，其优点是网络初期投资小，有利于运营商快速推出 5G 商用服务；独立组网采用全新架构，支持独立部署，可以实现对 5G 全业务场景的支持，通过网络切片满足用户多样化业务应用需求，如车联网、智能电网等业务，但缺点是在网络建设初期就需要具有较大规模的连续覆盖，因此建网投资较高。

总体上看，5G 第一个版本（R15）的标准在形式上达成了一定程度的统一，可以满足全球不同国家和地区对 5G 网络部署的不同需求。在 5G 的实际产品实现上，先支持非独立组网再支持独立组网无疑增加了整个 5G 产业实现及网络部署的复杂度。

六、5G 时代的网络安全

5G 作为关键信息基础设施和数字化转型的重要基石，开启了万物互联新局面。5G 网络引入了新技术、新业态、新生态，带来便利的同时也面临着新的安全风险和挑战，成为全球面临的共同问题。

（一）5G 网络安全架构

5G 继承了 4G 网络分层分域的安全架构，在安全分层方面，5G 与 4G 完全一样，分为传送层、归属层 / 服务层和应用层，各层间相互隔离；在安全分域方面，5G 安全框架分为接入域安全、网络域安全、用户域安全、应用域安全、服务域安全、安全可视化和配置安全六个域。总体来看，5G 提供了比 4G 更强的安全能力，针对服务化架构、隐私保护、认证授权等安全方面的增强需求，提供了标准化的解决方案和更强的安全保障机制。

5G 比 4G 增加了服务域并增强了安全特性，提供了比 4G 更强的安全能力，包括：

1.服务域安全。针对 5G 全新服务化架构，5G 服务域安全采用完善的注册、发现、授权安全机制及安全协议，有效解决了服务化架构带来的安全风险。

2.增强的用户隐私保护。5G 网络使用加密方式发送用户身份标识（SUPI），以防范攻击者利用空中接口明文发送用户身份标识来非法追踪用户的位置和信息。

3.增强的完整性保护。在 4G 空中接口用户数据加密保护的基础上，5G 网络进一步支持用户数据的完整性保护，以防范用户面数据被篡改。

4.增强的网间漫游安全。5G 网络提供了网络运营商网间信令的端到端保护，以防范以中间人攻击方式获取运营商网间的敏感数据。

5.统一认证框架。4G 网络不同接入技术采用互不相同的认证方式和流程，难以保障异构网络切换时认证流程的连续性。5G 采用统一认证框架（EAP），能够融合不同制式的多种接入认证方式。

（二）5G 安全风险和挑战

5G 不仅是技术变革，更是新生态体系的构建，认识 5G 安全问题，既要从新技术、新特性、融合应用场景等角度进行客观分析，也要从产业生态维度进行综合评估。

1.新技术

相比传统 3G/4G 网络，5G 核心网基于网络功能虚拟化等新技术，可提供更泛在的接入支持、更灵活的控制和转发机制以及更友好的能力开放方式。与云化基础设施结合，5G 核心网为普通消费者、应用提供商和垂直行业提供边缘计算、网络切片、网络能力开放等新型业务能力，这些新技术新特性可能会引入新的安全风险。一是虚拟化技术加快了网络开放化和服务化进程，使得传统基于实体隔离的安全边界划分方式不再适用。同时，虚拟环境下，管理控制功能高度集中、资源共享、大量采用开源软件，导致被攻击以及引入安全漏洞的风险加大。二是边缘计算技术的引入导致边缘网络基础设施暴露在不安全的物理环境中，边缘计算平台中的应用容易引发用户和业务的敏感信息泄露。三是网络切片在共享的资源上实现逻辑隔离，如果没有采取适当的安全隔离机制和措施，会带来较大安全风险。四是网络能力开放将用户个人信息、网络数据和业务数据等从网络运营商内部的封闭平台中开放出来，数据泄露的风险加大，此外网络能力开放接口采用互联网通用协议，可能会将互联网已有的安全风险引入到 5G 网络中。

2. 新业态

5G 拓展了多元化应用场景，带来了从"通用安全"向"按需安全"转变的挑战。目前 5G 典型场景以增强移动宽带业务为主，并逐步拓展到各垂直行业。5G 融合应用基于 5G 网络开展业务，因此也面临 5G 新技术新特性带来的安全风险与挑战，并具有各自业务本身的特点。比如，eMBB 场景的超大流量对于现有网络安全防护手段形成挑战、uRLLC 场景的低时延需求造成复杂安全机制部署受限、mMTC 场景下的海量多样化终端易被攻击利用进而对网络运行安全造成威胁等。另外，5G 新应用迭代速度快，5G 规模商用对经济社会带来的影响有待持续评估，安全风险呈现动态演进、持续变化的特点。

3. 新生态

5G 产业生态主要包括网络运营商、设备供应商、行业应用服务提供商等，随着 5G 网络业务应用部署进程的不断深入，网络运营商、设备供应商、行业应用服务提供商等各相关方将跳出传统的单一供需关系，形成"你中有我、我中有你"的融合发展局面，各相关方安全角色的变化将打开全新的网络安全协同局面。网络部署运营方面，5G 网络的开放性和复杂性对 5G 安全设计提出更高要求、网元分布式部署对系统配置和物理环境防护带来更大挑战、5G 运维粒度细和运营角色多的特征也会导致运维配置错误等安全风险提升；垂直行业应用方面，5G 与垂直行业深度融合，5G 网络安全、应用安全、终端安全问题相互交织，造成安全责任边界模糊，同时，不同垂直行业应用差异化安全需求和能力使得安全解决方案复杂度提高；产业链供应方面，5G 技术门槛高、产业链长，应用领域广泛，产业链涵盖系统设备、芯片、终端、应用软件、操作系统等，其安全基础技术及产业支撑能力的持续创新性和全球协同性，对 5G 及其应用构成重大影响。

（三）5G 时代的安全理念

5G 安全性不仅关系到个人通信安全，还影响到所连接的工业、能源、交通、医疗等实体经济安全，成为全球关注的焦点，需要坚持开放合作的网络安全理念，全面客观地看待和应对。

1. 以发展理念看待 5G 安全

5G 是信息技术发展的最新成果，反映了全球信息化发展的历史潮流和趋势，不能因为 5G 有安全风险，就放慢或迟滞 5G 发展。要坚持用发展的视角看待安全风险，正确处理发展和安全的关系，坚持安全与发展同步推进。就 5G 自身来看，其设计了更灵活的安全保护机制，可提供比 4G 更强大的通信安全能力，并将建立"风

险—应对—新风险—新应对"的良性循环，3GPP 将针对新出现的
攻击手段和安全威胁不断进行安全增强，实现 5G 安全与发展的协
同推进。

2. 以系统理念看待 5G 安全

信息技术变化越来越快，过去分散独立的网络变得高度关联，
相互依赖。5G 技术向各领域融合渗透，安全风险与多主体紧密相
关，需要用全面系统的理念看待和应对。5G 技术发展以及应用场
景具有广泛性、开放性、挑战性和多元性，既需要明确网络运营
商、设备供应商、行业应用服务提供商等产业链各环节不同主体的
责任和义务，不过分关注或放大单一环节责任，又需要加强各主体
之间的协同合作，充分发挥政府部门、标准化组织、企业、研究机
构和用户等各方的能动性，明晰各方安全责任，打造多方参与的
5G 安全治理体系。

3. 以客观理念看待 5G 安全

任何网络技术都存在安全风险和漏洞，5G 网络也不例外，应
坚持用客观理念来分析和看待 5G 安全风险。特别是由于 5G 与物
联网、人工智能等新技术新应用融合，会带来更加复杂的安全问
题，需要从客观、中立的技术角度对 5G 安全风险进行全面评估，
在现有成熟机制和已有的技术应对手段基础上，通过产业创新和技
术研发逐步解决。将技术层面的安全问题扩大化、复杂化，甚至政
治化，对不同的企业区别标签或采取非市场的手段对待，无助于
5G 安全问题的有效解决。

4. 以合作理念看待 5G 安全

世界各国虽然国情不同、网络发展阶段不同、面对的现实挑战不同，但推动数字经济发展的愿景相同、应对安全风险挑战的立场相同、加强网络安全空间治理的诉求相同，国际社会日益成为"你中有我、我中有你"的命运共同体。5G 安全是全球性挑战，没有谁可以独善其身。从之前的全球多个标准到 5G 时代的全球统一标准，5G 进程正是各方创新合作的生动写照，在安全方面也应携手努力，加强创新合作，共同构建和平、安全、开放、合作的网络空间。

第四章
5G 掀起全球新一轮通信变革浪潮

5G 的重要性不言而喻，它将会给人类的生产生活方式带来革命性变化，为此，世界各国政府和巨头科技公司纷纷布局 5G。美国、韩国、日本、欧盟等主要经济体在数字经济战略中均将 5G 作为优先发展的先导领域，力图超前研发和部署 5G 网络。本章将围绕全球主要国家的 5G 发展情况，从战略布局、频谱分配和商用进展等方面进行相关介绍。

当今世界经济日益依赖科技创新，5G 基础性、先导性、战略性地位更加凸显，加快推动 5G 发展成为各国及产业界共识。为此，世界主要国家纷纷开展 5G 战略和政策布局，营造 5G 良好发展环境，积极推动 5G 产业发展。

一、探寻蓝海：全球 5G 在行动

全球主要国家通过战略引导、政策支持和资金投入等手段，积极开展技术研发、推动网络部署、探索应用场景、构建产业生态，加快推动 5G 商用发展，谋求 5G 发展主动权。

（一）各国发布战略规划推动 5G 发展

纵观全球，自 2013 年以来，许多国家和地区纷纷战略布局 5G，加速 5G 发展和部署。如美国《5G FAST[①] 计划》、韩国《5G 移动通信先导战略》和《实现创新增长的 5G+ 战略》、日本《2020 年实现 5G 的政策》、澳大利亚《5G——促进未来经济》等，欧盟发布的《5G 行动计划》是欧盟成员国 5G 规划的指导性文件，英国[②]、德国、法国、西班牙等 10 余个国家发布了国家 5G 战略或路线图。

---

① FSAT: Facilitate America's Superiority in 5G Technology，促进美国 5G 技术优势。
② 英国已于 2020 年 1 月"脱欧"。

我国和俄罗斯等国家将 5G 发展政策纳入国民经济和社会发展的整体规划中，明确发展路线，推进 5G 商用。我国在《国民经济和社会发展"十三五"规划纲要》中指出要积极推进第五代移动通信（5G）和超宽带关键技术研究，在《国家信息化发展战略纲要》中强调要积极开展 5G 技术研发、标准和产业化布局。俄罗斯在《俄罗斯联邦数字经济规划》中提出到 2024 年所有超过 100 万人口城市均部署 5G 网络。

表 4–1 梳理了部分经济体的 5G 战略文件，并简要说明其战略目标。

表 4–1　部分经济体的 5G 战略

经济体	战略文件	发布时间	战略目标
韩国	5G 移动通信先导战略	2013 年	7 年内投资 5000 亿韩元，组建 5G 推进组，推动 5G 与各产业的融合，预计在 2020 年正式商用 5G
	实现创新增长的 5G+ 战略	2019 年 4 月	创建世界上最好的 5G 生态系统。到 2022 年，政府和私营部门将共同投资超过 30 万亿韩元，并建立全国性的 5G 网络，到 2026 年在相关行业创造 60 万个就业机会和 730 亿美元的出口规模
日本	2020 年实现 5G 的政策	2016 年	开展 5G 研发、标准化和国际合作。2019 年分配频谱，2020 年商用 5G

续表

经济体	战略文件	发布时间	战略目标
欧盟	5G 行动计划	2016 年 9 月	在 5G 竞赛中保持欧洲领先。2020 年各成员国至少选择一个城市提供 5G 服务，明确频谱政策及重点，建议 2020 年前为 5G 分配频率
英国	下一代移动技术：英国 5G 战略	2017 年 3 月	确保英国成为 5G 移动网络和服务发展的全球领导者。明确英国在商业模式、试验部署、监管政策、频谱策略、标准制定、网络覆盖等方面的政府行动计划
德国	国家 5G 战略	2017 年 7 月	促进德国发展成为 5G 网络和应用的领先市场。以推动 5G 全连接为基础，以垂直领域应用和创新为导向，以实现数字化转型和推动经济发展为最终目标，2025 年实现千兆社会
美国	5G FAST 计划	2018 年 10 月	美国将迅速采取行动，确保在下一代无线连接中引领世界。为 5G 分配更多频谱资源、简化基站审批流程和审批时间，推动 5G 快速部署
	5G 安全国家战略	2020 年 3 月	美国倡议与盟国和战略合作伙伴一起领导安全、可靠的 5G 通信基础设施的开发、部署和管理

　　结合自身产业发展，各国 5G 战略定位各有不同，以美国、韩国、日本为代表的国家，战略侧重技术标准及产业发展，德国、英国等国家战略侧重于发展 5G 应用，推进经济社会发展。各国 5G 战略涵盖了频谱规划分配、发展路线规划、网络部署策略、5G 商用计划以及标准、安全等多方面内容，通过推进频谱拍卖、消除基础设施部署障碍、设立政府项目并加大资金支持等手段推动 5G 发展，加快 5G 商用化进程。

　　美国政府将推动 5G 产业发展视为国家优先发展事项，通过发布战略规划、推动 5G 技术研发、提供 5G 关键频谱、加强 5G 网络安全等，为美国构筑领先的 5G 产业优势奠定基础。2017 年 12 月，美国白宫发布的《美国国家安全战略》中，将在全国范围内部署安全的 5G 网络列为国家优先行动领域之一。2018 年 10 月，美国联邦通信委员会（Federal Communications Commission, FCC）发布了具有行业指导作用的《5G FAST 计划》（*The FCC's 5G FAST Plan*），主要从释放 5G 频谱资源、消除网络建设制度障碍、放松业务监管政策等三个方面，对全面推进 5G 网络建设作出战略部署，以加强美国在 5G 技术领域的优势。2018 年 10 月，特朗普签署《关于为美国的未来制定可持续频谱战略的总统备忘录》，提出保障充足的频谱资源和有效的频谱管理，对发挥 5G 经济带动效应、维护国家安全至关重要。2019 年 4 月，美国国防部发布《5G 生态系统：对美国国防部的风险与机遇》报告，首次提出在 5G 频谱规划中，国防部应重点考虑共享 6GHz 以下频段，以弥补高频频段覆盖能力不足等问题。2020 年 3 月，美国白宫发布《5G 安全国家战略》，明确表达了美国与盟国和战略合作伙伴一起，领导安全、可靠的 5G 通信基础设施的开发、部署和管理的愿景。

韩国政府致力于实现 5G 商业化全球领先，先后在 2013 年和 2019 年发布了《5G 移动通信先导战略》和《实现创新增长的 5G+ 战略》两个国家战略，高度重视 5G 发展，希望将 5G 发展成为韩国经济增长的全新引擎。2013 年发布的《5G 移动通信先导战略》提出在 7 年内向技术研发、标准化、基础构建等方向投资 5000 亿韩元，并组建产学研 5G 推进组，推动 5G 与各行业融合，预计在 2020 年正式商用 5G。在战略政策的牵引下，韩国 5G 产业快速发展，最终早于预期一年，于 2019 年实现了 5G 商用。近年来，韩国经济依赖的半导体产业发展疲软，为带动经济增长，5G 被寄予厚望。2019 年 4 月，韩国科学和信息通信技术部（Korea Ministry of Science and ICT, MSIT）发布《实现创新增长的 5G+ 战略》，通过全面推进战略实施，促进 5G 与各行业各领域深度融合，推动传统产业转型升级，打造世界领先的 5G 生态系统，为韩国经济实现创新型增长提供核心动力。

日本政府积极拥抱 5G 技术，以解决日本社会日益严重的老龄化和少子化问题，为 5G 发展制定清晰的路线图，稳步推进技术试验、频谱分配、商用部署。与此同时，在"构建智能社会 5.0"的愿景下，日本政府积极推动 5G 与人工智能、物联网、机器人等相互促进、融合发展。2014 年 9 月，日本成立第五代移动通信推进论坛（5GMF），加强产业界、学术界和政府在 5G 基础研究、技术开发、标准制定等方面的合作，并进一步推动国际合作。为有序推动日本 5G 产业发展，日本政府 2016 年发布《2020 年实现 5G 的政策》（*Japan's Radio Policy to Realize 5G in 2020*），着重加强关键技术研发、5G 政策环境完善、产学政协作，以及积极参与国际标准制定。

欧盟将构建数字单一市场、提升数字经济竞争力作为发展的重中之重。其中，5G 作为数字经济发展的重要基础设施，是构建数字单一市场的关键要素之一，也是未来欧盟在全球竞争市场的关键。2012 年以来，欧盟通过制定 5G 发展路线图、协调各成员国研究计划、设立政府研究项目、发布网络安全指南等助推 5G 商用发展，促进 5G 网络安全部署。为推动 5G 网络投资和创新生态系统建设，提高欧洲竞争力，2016 年欧盟发布《5G 行动计划》（*5G for Europe: An Action Plan*），对欧盟成员国 5G 发展战略和路线具有指导性意义。《5G 行动计划》旨在协调各成员国的网络部署、频谱分配、跨境服务连续性、标准制定等，形成欧盟单一市场下的 5G 创新群聚效应。随后，德国、法国、西班牙、丹麦等多个欧盟成员国相继发布了包括频谱战略在内的国家 5G 路线图。2019 年 10 月，为确保欧盟成员国 5G 网络的安全可靠，欧盟发布《5G 网络安全风险评估报告》，报告中确定了 5G 网络安全面临的主要威胁、风险及漏洞。2020 年 1 月，欧盟发布《5G 网络安全工具箱》，基于风险评估报告中确定的网络风险制定针对性的安全措施以提高 5G 网络安全，为各成员国提供参考。

英国 2017 年 3 月发布《下一代移动技术：英国 5G 战略》（*Next Generation Mobile Technologies: A 5G Strategy for the UK*），旨在尽早利用 5G 技术优势，确保英国成为 5G 移动网络和服务发展的全球领导者。战略中提出了包括树立商业案例、完善政策环境、加强地方部署能力、提升网络覆盖、确保 5G 网络安全部署、规划 5G 频谱、标准及知识产权七大行动领域。

德国在 2017 年 7 月公布了《国家 5G 战略》（*5G Strategy for Germany*），致力于使德国成为 5G 网络和应用的领先市场。战略中提出的五大关键举措有：加速 5G 网络部署；按需开放频谱，加快推动 5G 商用落地；加强电信运营商和相关垂直行业的交流与项目合作，推进 5G 技术标准化制定；支持 5G 相关技术研发；建设 5G 示范城镇，利用 5G 技术提升市镇服务质量和管理效率。

（二）各国分配频谱资源保障 5G 建设

5G 商用，频率先行。无线电频谱资源是发展移动通信产业的先决条件。要充分发挥 5G 的技术特点和优势，5G 系统的部署需要低（3GHz 以下）、中（3G—6GHz）、高（24GHz 以上毫米波）频段频谱资源支撑。频谱政策的制定已成为世界主要国家推动 5G 发展的关键政策手段。低频段具有传播特性好、覆盖广、建网成本低等优势，主要用于实现广域覆盖和海量机器设备连接。中频段兼具大带宽和连续覆盖优势，全球产业链较成熟，易于实现 5G 商用初期大规模组网，可满足网络连续覆盖、基本业务及移动性需求。毫米波频段具有连续大带宽、频谱资源丰富、易于规划等优势，主要满足室内场景及体育场、火车站、机场等热点区域的极高传输速率和网络大容量需求，高速率固定无线接入作为光纤入户的替代手段。目前，全球业界普遍认为中低频段是 5G 的核心频段。高频产业成熟度相对较低，而更高的频段、更大的带宽也对射频器件提出了更高要求，现阶段设备成本仍然较高。

当前，全球各国和地区都在加速推进 5G 频谱规划和拍卖，截至 2019 年年底，全球已有 30 余个国家和地区完成了至少一个 5G 频段的拍卖或分配。从各国频谱规划和拍卖情况来看，共识度比较高的 5G 频段主要聚焦在中频 3.5GHz、高频 26GHz 和 28GHz 频段。

表 4–2 梳理了主要国家的 5G 频率分配情况。

表 4-2 主要国家 5G 频率分配

国家	许可时间	频率范围
英国	2018 年 4 月	3.4GHz
韩国	2018 年 6 月	3.5GHz，28GHz
西班牙	2018 年 7 月	3.6G—3.8GHz
意大利	2018 年 9 月	700MHz，3.6G—3.8GHz，26.5G—27.5GHz
芬兰	2018 年 11 月	3.41G—3.8GHz
中国	2018 年 11 月	3.5GHz，2.6GHz，4.9GHz
澳大利亚	2018 年 12 月	3.575G—3.7GHz
加拿大	2019 年 3 月	600MHz
德国	2019 年 3 月	2GHz，3.6GHz
美国	2019 年 3 月	24GHz，28GHz
日本	2019 年 4 月	3.7GHz，4.5GHz，28GHz
美国	2020 年 3 月	37.6G—38.6GHz，38.6G—40GHz，47.2G—48.2GHz
中国	2020 年 5 月	700MHz

2019 年以来，美国先后拍卖了 28GHz、24GHz、37GHz、39GHz 和 47GHz 毫米波频谱。韩国和日本的 5G 频谱均覆盖中频段和毫米频段 28GHz，其中韩国在 2018 年 6 月拍卖了 3.5GHz 和 28GHz 频段，日本在 2019 年 4 月拍卖了 3.7GHz、4.5GHz 和 28GHz 频段。欧盟发布 5G 频谱战略，涉及 700MHz、3.4G—3.8GHz 和 24.25G—27.5GHz 等低中高频资源规划，截至 2019 年年底，有 10 余个成员国至少完成一个 5G 频谱的拍卖。英国在 2018 年完成 3.4GHz 频段的 5G 频谱拍卖，并计划在 2020 年拍卖

700MHz、3.6G—3.8GHz 频谱；德国于 2019 年完成了 2GHz 和 3.6GHz 频段的拍卖。2017 年 11 月我国发布 5G 中频段频率规划，2018 年 12 月我国向中国电信、中国移动、中国联通三家基础电信运营企业发放了 5G 系统 2.6GHz、3.5GHz、4.9GHz 中低频段试验频率使用许可，2019 年 12 月我国向中国广电发放了 4.9GHz 中频段 5G 试验频率使用许可，2020 年 1 月我国向中国电信、中国联通、中国广电发放了 3.3GHz 频段频率使用许可，3 月我国发布了 700MHz 频段频率规划，5 月向中国广电发放了 700MHz 频段 5G 频率使用许可。同时，我国在 2019 年世界无线电通信大会支持 26GHz、40GHz、70GHz 共计 14.75GHz 带宽毫米波频段频率资源标注用于 5G 系统。

美国在 5G 发展初期选择毫米波频段，一方面是由于美国 6GHz 以下的中频段已经被广播电视、军用卫星和雷达等业务占据，另一方面是由于美国光纤覆盖率低，运营商希望通过借助毫米波频段 5G 的高速率和大容量来替代光纤解决"最后一千米"光纤入户问题。由于毫米波频段存在覆盖距离近、易受障碍物遮挡等缺点，难以实现大范围连续覆盖，从而导致网络性能不够稳定，用户体验相对较差。当前，美国已经意识到毫米波频段 5G 网络建设存在的问题，2019 年年底，美国参议院商务委员会投票通过了以公开拍卖方式，释放 3.7G—4.2GHz 中 280MHz（3.7G—3.98GHz）用于 5G 系统的法案。2020 年 2 月，美国联邦通信委员会（FCC）决定支付 97 亿美元给卫星公司，以鼓励其加快迁出 3.7G—3.98GHz 频段频谱，以便尽早拍卖给运营商用于 5G 网络建设。

（三）各国运营企业加快 5G 商用进程

全球 5G 商业化进程正在加速，但整体仍处于发展初期。截至 2019 年年底，已有 33 个国家和地区的 61 家运营商开始提供 5G 业务（含固定无线和移动服务）。各国运营商都采用非独立组网方式部署 5G，与 4G LTE 共用核心网，降低建设成本，未来将向独立组网模式演进。当前 5G 网络覆盖范围还比较有限，大部分国家仅限于大城市中的少数地区。截至 2019 年年底，全球 5G 用户数达到千万。

我国运营商在 2019 年 10 月底正式推出商用 5G 服务，截至 2020 年 6 月底，开通 5G 基站数量超过 40 万个，5G 终端连接数超过 6000 万。

表 4-3 梳理了主要国家的运营商 5G 商用时间。

表 4-3　主要国家运营商 5G 商用时间

国家	运营商	商用时间
美国	AT&T	2018 年 12 月①（毫米波频段）/2019 年 12 月（低频段）
	Verizon	2019 年 4 月
	Sprint	2019 年 5 月
	T-Mobile	2019 年 6 月（毫米波频段）/2019 年 12 月（低频段）
韩国	韩国电信公司 /SK 电讯 /LG U+	2019 年 4 月

---

①　此处为 AT&T 商用 5G 固定无线接入业务。

国家	运营商	商用时间
英国	EE	2019 年 5 月
	沃达丰英国公司	2019 年 7 月
	3UK	2019 年 8 月
	O2	2019 年 10 月
德国	沃达丰德国公司	2019 年 7 月
	德国电信	2019 年 9 月
中国	中国电信 / 中国移动 / 中国联通	2019 年 10 月
日本	NTT DoCoMo/ KDDI/ 软银	2020 年 3 月

美国全国性运营商均已实现 5G 商用。截至 2020 年 6 月底，Verizon 毫米波频段 5G 网络可用城市已达 35 个，覆盖范围仅限于这些城市的部分区域，且 5G 信号通常仅在室外可用。截至 2020 年 6 月底，AT&T 毫米波频段 5G 网络已在 35 个城市开通，主要部署在体育场馆、竞技场、购物中心和大学校园中，低频段 5G 网络在 100 个城市可用，主要部署在住宅、郊区和农村地区。T-Mobile 使用低中高三个频段部署 5G 网络，毫米波频段 5G 网络在 6 个城市可用，低频段 5G 网络已经覆盖 2 亿多人口，中频段（2.5GHz）5G 网络覆盖 9 个城市，接近 2000 万人口。

韩国 3 家运营商在 2018 年 12 月同时推出面向企业用户的 5G 固定接入业务，2019 年 4 月在 17 个重点地区同时面向手机用户开通 5G 移动服务。截至 2020 年 6 月底，韩国已建成超过 12 万个

5G 基站，5G 用户数达到 737 万，5G 网络在 85 个城市可用，主要覆盖人口密集地区以及主要机场、场馆等人口密集建筑。在消费者 5G 应用方面，运营商主推 VR/AR、游戏、4K 视频等大流量应用。推动韩国 5G 网络流量快速增长，2020 年 6 月，韩国 5G 网络承载的流量占总流量的比重达到 28.5%，平均每个 5G 用户每个月的流量为 23.6GB，是 4G 用户的 2.5 倍。

日本运营商于 2020 年 3 月底相继推出 5G 商用服务。NTT Do-CoMo 的 5G 网络在全国 150 个地点首发，计划到 6 月扩展至日本所有 47 个县。KDDI 株式会社（KDDI）的 5G 服务在全国 15 个县的部分地区首发，计划从 2020 年夏季开始在所有主要城市推出。软银 5G 商用在少数几个地点首发，3 月底之前 5G 服务扩展到了 8 个县。为了促进日本农村地区 5G 网络的快速部署，KDDI 和软银就共享基站资产达成协议，共同促进日本农村地区 5G 网络的快速部署。

在欧盟《5G 行动计划》的指导下，欧盟内多个国家的运营商都在积极推进 5G 商用。截至 2019 年年底，欧盟所有成员国都已经进行 5G 试点，已有 10 个国家（包括奥地利、爱沙尼亚、芬兰、德国、匈牙利、爱尔兰、意大利、拉脱维亚、罗马尼亚、西班牙）提供面向公众用户的 5G 商用服务。欧洲其他国家如瑞士、英国的运营商也纷纷推出商用。尽管商用网络数较多，但欧洲运营商的 5G 网络覆盖区域有限。除了瑞士、摩纳哥 5G 网络达到了 90% 以上的人口覆盖，英国的 5G 网络在上百个市镇（包括城市和大的城镇）可用之外，其他欧洲国家的 5G 网络覆盖都比较有限，可用的市镇在几个到数十个之间，并且仅限于这些市镇的有限区域。

二、扬帆起航：中国 5G 已出发

中国高度重视 5G 发展，将 5G 作为优先发展的战略领域，通过搭建推进平台、布局重大专项、强化政策保障、加强国际合作等措施积极推进 5G 发展，在各方努力下，我国 5G 在技术、标准、产业及应用领域已取得明显成效。当前，5G 已进入商用部署的关键阶段，我国正在加快建设 5G 网络，积极开展 5G 行业应用探索，推动 5G 与实体经济深度融合，对支撑我国经济迈向高质量发展意义重大。

（一）我国积极推动 5G 创新发展

《中华人民共和国国民经济和社会发展第十三个五年规划纲要》指出，要加快构建高速、移动、安全、泛在的新一代信息基础设施，积极推进 5G 发展并启动 5G 商用。《国家信息化发展战略纲要》强调，要积极开展 5G 技术研发、标准和产业化布局，并在 2025 年建成国际领先的移动通信网络。2019 年中央经济工作会议作出"加快 5G 商用步伐"的战略部署。2020 年 3 月，中共中央政治局常务委员会召开会议进一步提出"加快 5G 网络、数据中心等新型基础设施建设"。为全力推进 5G 网络建设、应用推广、技术发展和安全保障，充分发挥 5G 的规模效应和带动作用，支撑经济高质量发展，2020 年 3 月，工业和信息化部印发了《关于推动 5G 加快发展的通知》，明确提出加快 5G 网络建设部署、丰富 5G 技术应用场景、持续加大 5G 技术研发力度、着力构建 5G 安全保障体系、加强组织实施。

中国很早就启动了 5G 技术研发，并搭建合作平台，形成了产学研用协同推进的工作模式。技术方面，中国通过国家"863"计划和"新一代宽带无线移动通信网"国家科技重大专项三（以下简称"重大专项三"）推动 5G 研发。国家"863"计划部署了多项 5G 关键技术研发课题，支撑了我国 5G 创新技术的前期研究工作。与国家"863"计划有效衔接，重大专项三全面推动 5G 技术标准研制、产品设备研发、产业薄弱环节提升和融合应用发展，为我国 5G 商用发展奠定了坚实的产业基础。产业合作方面，2013 年由中国信息通信研究院牵头成立了 IMT-2020（5G）推进组，汇聚产学研用各方面力量，全面推进技术创新、标准研制、产业研发及国际合作。标准方面，推进组积极组织国内力量开展 5G 愿景需求研究工作，在 5G 关键能力方面，ITU 采纳了我国提出的 8 个 5G 关键能力指标；同时，我国提出的大规模天线、极化码、服务化网络架构等关键技术被 3GPP 采纳，知识产权占比显著提升。根据中国信息通信研究院统计数据，截至 2020 年 2 月，我国企业华为、中兴通讯、大唐电信、OPPO、vivo、联想和展讯共计声明 9091 件 5G 标准必要专利，声明占比 33.3%。产业推进方面，2016 年，为了推动 5G 产业加快成熟，我国启动了 5G 技术研发试验，构建了满足系统设备厂商开展产品测试需求的室内外一体化试验环境，并于 2018 年年底基本完成相关测试工作，推动系统设备满足了商用需求。

在推动 5G 发展过程中，中国始终坚持开放合作原则，国家科技重大专项以及 5G 技术研发试验等都对外企开放，国内外企业密切合作，共同推动全球 5G 产业生态构建。爱立信、诺基亚、高通、英特尔、三星等国外企业作为 IMT-2020（5G）推进组成员单位，均参与了我国重大专项三 5G 相关课题。IMT−2020（5G）推进组还先后与欧盟、韩国、日本、美国和巴西的 5G 产业组织签署了合作备忘录，共同召开全球 5G 大会，加强频谱、标准、研发与应用等领域的沟通与合作，努力维护和营造技术为本、友好协商的 5G 发展合作氛围。

中国与全球同步启动 5G 研发，坚持创新发展理念，依托重大专项三，深入开展 5G 创新技术研究，在 5G 愿景与概念、技术标准、产品研发及网络建设等方面取得积极成果。在国内各方的努力下，我国 5G 标准必要专利占比位居全球前列，中频系统设备已达到全球先进水平，通信芯片和终端处于全球先进行列，成为全球 5G 发展的主要力量之一。

（二）我国为 5G 发展配置了充足的频谱资源

频谱资源是 5G 发展的核心资源，频谱规划的制定对 5G 产业发展具有很强的引导性。在 5G 技术与标准研发初期，各国频谱策略不一，高频（毫米波频段）和中频（6GHz 以下频段）路线尚不明确。美国和韩国一直推动毫米波频段作为 5G 主要的发展方向，我国考虑到毫米波存在覆盖距离短、易受障碍物遮挡等问题，难以满足 5G 网络的连续广域覆盖需求，因此将中频段作为我国 5G 的主要发展方向，鼓励相关设备研发。经过几年的发展，全球普遍认为中频段是最具潜力的全球 5G 统一频段，它具有可用带宽大、全球产业链一致、网络覆盖性能好等优势，对 5G 网络性能和建网成本有重大影响，已经成为全球 5G 商用初期的核心频段，在这个过程中，我国的频谱规划起到了非常重要的引导作用。

　　我国无线电主管部门对如何满足、规划未来移动通信系统的频谱有着长远和超前的谋划。国际方面，早在 2007 年、2012 年和 2015 年世界无线电通信大会上，我国代表团就持续推动了 700MHz、3.5GHz 等中低频段划分用于国际移动通信（IMT，含 5G）系统，由此确立了 5G 使用中低频段的国际频率协调一致和国际规则地位。国内方面，2010 年、2014 年和 2018 年修订《中华人民共和国无线电频率划分规定》，已经为 IMT 增加频率划分超过 600MHz 带宽，将 700MHz、3.5GHz 频段引入国内频率划分脚注，指出未来考虑用于 IMT 的可能性，并明确应研究已划分业务的应用模式、频率使用规划、业务间的兼容共存条件及协调程序。2017 年，国际上发布 5G 毫米波频段使用规划，我国无线电主管部门立足国情，在全球率先发布了 5G 的中频段频率使用规划。2018 年 12 月，为加快推动 5G 产业链成熟，为三家电信运营企业颁发了连续 300MHz 带宽中频段和 160MHz 带宽低频段的 5G 试验频率使用许可，所许可的频谱总量居世界最前列，受到了国内外各界的高度认可和称赞。仅 7 个月后，2019 年 6 月，我国颁发了 5G 正式商用的经营牌照，此后仅半年，全国就陆续建成 5G 基站近 20 万个。可以想象，没有频谱先行，5G 产业链就不会这么快成熟，5G 发展就不会这样快。

　　与世界其他国家一样，我国 5G 中频段的频率规划，面临同、邻频段现有地面、空间无线电业务的频率迁移（包括关闭在轨使用同频的卫星转换器）及合法在用无线电台站的干扰保护这一世界普遍难题。这是一项前所未有的非常复杂的巨大工程，涉及数万座卫星地球站、数颗在轨卫星，关系到军地多个部门、单位。为稳妥做好此项工作，2018 年 5 月，国家无线电办公室启动 5G 同、邻频段的现有无线电台站清理核查工作，制定已有合法无线电台站的干扰保护清单，出台了《3000—5000MHz 频段第五代移动通信基站与卫星地球站等无线电台（站）干扰协调管理办法》《3000—5000MHz 频段第五代移动通信基站与卫星地球站等无线电台（站）干扰协调指南》，有力地促进了 5G 基站快速、规模部署。为解决中频段频率资源不足的问题，我国将此前规划用于 4G 的 2.6GHz 低频段频率资源进行重耕，调整出连续 160MHz 带宽的频谱资源用于 5G，为世界各国提供了新的 5G 低频段频谱解决方案，创下了单个电信运营企业（中国移动）在单个频段获得最多的连续带宽低频段 5G 频率资源的世界纪录。为进一步满足 5G 不同场景和应用的频率需求、促进 5G 与广播电视的深度融合，新增规划 700MHz 频段用于移动通信系统。我国已经形成了 700MHz、2.6GHz、3.5GHz、4.9GHz 四个 5G 中低频段协同发展的良好局面。

总体来看，我国 5G 采用中低频段优先频谱政策及保障充足的频谱资源，为我国 5G 产业发展发挥了关键资源支撑和引领作用。中国 5G 频谱首先选择中低频段，也是我国最佳频谱决策的经典案例，具有历史的里程碑意义。全球移动供应商协会（GSA）报告显示，截至 2020 年 2 月，全球共有 24 个国家 / 地区已正式将 3.5GHz 频段用于 5G，还有 50 余个国家 / 地区计划使用该频段，在这些国家 / 地区中，中国是第一个发布该频段 5G 频率规划的国家。

我国高度重视 5G 频谱规划工作，工业和信息化部于 2017 年 11 月公布了我国 5G 中频段频率规划，其中 3.3G—3.6GHz 和 4.8G—5GHz 频段可用于 5G 系统，且 3.3G—3.4GHz 频段限室内使用。2018 年 12 月，中国电信获得 3.4G—3.5GHz 共 100MHz 带宽的 5G 频率资源；中国联通获得 3.5G—3.6GHz 共 100MHz 带宽的 5G 频率资源；中国移动获得 2.515G—2.675GHz、4.8G—4.9GHz 频段共 260MHz 的 5G 频率资源。2019 年 12 月，我国向中国广电发放了 4.9GHz 中频段 5G 试验频率使用许可。2020 年 1 月，我国向中国电信、中国联通、中国广电发放了无线电频率使用许可，同意三家企业在全国范围共同使用 3.3GHz 频段频率用于 5G 室内覆盖。三家企业将通过共建共享 5G 室内接入网络的方式不断降本增效，提高服务水平，增强企业竞争力。

在低频方面，2020 年 3 月，工业和信息化部宣布调整 700MHz 频段频率使用规划，将 702M—798MHz 频段频率调整用于移动通信系统。5 月，我国向中国广电发放 700MHz 频段 5G 频率使用许可，对进一步满足 5G 不同场景和应用的频率需求、促进 5G 与广播电视的深度融合具有重要意义。

在 2019 年世界无线电通信大会（WRC-19）上，为 5G 新增划分了 24.25G—27.5GHz、37G—43.5GHz 和 66G—71GHz 共 14.75GHz 带宽的全球频谱，是之前用于 2G、3G、4G 频谱总量的 8 倍。我国将根据产业需求，适时发布我国 5G 毫米波频段频率规划。

（三）我国加快 5G 商用步伐

2019 年是全球 5G 商用元年，继美国和韩国宣布 5G 商用以后，全球主要国家纷纷加快 5G 商用进程。2019 年 6 月 6 日，工业和信息化部向中国移动、中国电信、中国联通和中国广电 4 家企业发放了基础电信业务经营许可证，批准经营"第五代数字蜂窝移动通信业务"，标志着我国 5G 商用的正式启动，处于全球 5G 商用第一梯队。

中国移动 2019 年正式发布并全面实施"5G+"计划,加速推进 5G 网络建设,推动"5G+4G""5G+AICDE""5G+Ecology""5G+X",使 5G 融入百业、服务大众。"5G+4G"方面,中国移动大力推动 5G 和 4G 技术共享、资源共享、覆盖协同、业务协同,加快建设 5G 网络。中国移动拥有 2.6GHz 和 4.9GHz 两个频段用于 5G 建设,2019 年在全国建设超过 5 万个基站,在超过 50 个城市实现 5G 商用服务,计划 2020 年在全国所有地级以上城市提供 5G 商用服务,新建 25 万个 5G 基站。"5G+AICDE"融合创新即推动 5G 与人工智能(AI)、物联网(IoT)、云计算(Cloud Computing)、大数据(Big Data)、边缘计算(Edge Computing)等新兴信息技术深度融合、系统创新,打造以 5G 为中心的泛在智能基础设施,更好地服务各行各业高质量发展。"5G+Ecology"生态共建方面,中国移动将全面构建资源共享、生态共生、互利共赢、融通发展的 5G 新生态,深入推进 5G 产业合作。"5G+X"应用延展方面,面向各行各业,中国移动将推出"网络 + 中台 + 应用"的 5G 产品体系,打造 100 个 5G 示范应用,加速推动 5G 与各行各业深度融合。面向百姓大众,推出 5G 超高清视频、超高清 5G 快游戏、超高清视频彩铃等业务,更好地满足数字生活需要。

中国电信与中国联通开展 5G 网络共建共享。中国电信初期在 40 多个城市建设 5G 网络,拥有 3.4G—3.5GHz 频段用于 5G 建设。中国联通已正式启动"7+33+N"的 5G 试验网络,即在北京、上海、广州、深圳、南京、杭州、雄安新区 7 个城市(区域)实现城区连续覆盖,在福州、厦门等 33 个大城市实现热点区域覆盖,在 N 个城市定制 5G 网中专网,同时构建各种行业应用场景,推进 5G 应用孵化及产业升级,目前拥有 3.5G—3.6GHz 频段用于 5G 建设。

为有效降低 5G 网络建设成本，中国电信和中国联通决定采用共建共享方式建设 5G 网络，双方在区域性进行了相应的合作和划分，中国电信与中国联通将力争于 2020 年第三季度完成新增共建共享 5G 基站 25 万个，覆盖全国所有地市。

中国广电将于 2020 年正式商用 5G，同时开展个人用户业务和垂直行业业务。中国广电将实施"700MHz+4.9GHz""低频 + 中频"协同组网策略，直接采用独立组网方式，重点在高清 / 超高清视频等大带宽应用领域发力。

当前，我国电信运营企业正在加速建设 5G 网络，初期将在重点城市和热点地区，以及有需求的行业应用领域开展，然后逐步向地市级城市和乡村拓展，最终建成覆盖全国、技术先进、品质优良、高效运行的 5G 精品网络。

第五章

5G 孕育开放繁荣的产业大生态

随着 5G 商用牌照的发放，中国正式进入 5G 时代，5G 迎来发展加速期。5G 产业包括什么内容，产业链关键环节有哪些，对数字经济有什么作用，全球主要国家及我国的 5G 产业发展情况如何？本章将从 5G 产业链全景视角出发，介绍 5G 产业链的关键环节所在，梳理全球主要国家和地区的 5G 产业发展态势，厘清我国 5G 产业的发展情况，全方位呈现全球 5G 产业的发展格局。

5G时代移动通信网络Gbit/s级的接入能力、千兆位的无源光网络、10GPON（Gigabit-Capable Passive Optical Networks）的接入网络，以及400Gbit/s的光传送网等更高的网络能力，需要网络芯片、网络核心软件、关键材料和装备，以及网络整机与业务应用向更高水平发展。全球主要国家和地区高度重视5G产业的发展，整体规模十分庞大，市场前景非常广阔。当前中国5G产业发展扎实有序，5G产品日渐成熟，上下游产业链日趋完备，产业生态正在探索构建。未来，随着5G应用的探索成熟和规模化发展，5G产品形态将进一步丰富和完善，5G产业生态将迎来更加蓬勃发展的新阶段。

一、5G产业链全景一览

5G产业伴随5G技术的发展、成熟而不断衍生，目前正处于加速发展的阶段。广义的5G产业链上游包括基础器件、基础软件、仪器仪表、产业配套等5G基础支撑，中游包括泛终端设备和5G网络，下游是5G应用服务，如图5-1所示。此外，5G产业链还包括5G网络规划、运维及服务。随着5G技术加速创新成熟，还将不断催生智能传感、高速互联、高端存储、先进计算等领域的新方向，孕育新兴信息产品和服务，重塑传统产业发展模式。

5G商用初期，运营商开展规模化网络建设，5G网络设备收入将成为5G直接经济产出的主要来源，5G网络设备和终端设备将带动配套基础器件、基础软件等基础产业的快速发展。根据华为和高通的预测，到2025年全球将累计部署650万个5G基站，服务

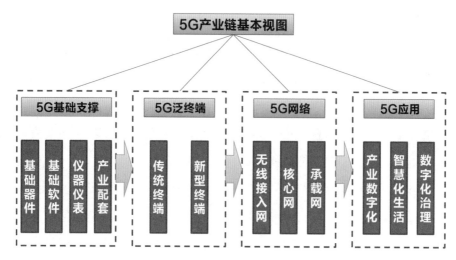

图 5-1　5G 产业链基本视图

于 28 亿用户，全球 5G 连接数预计达到 28 亿。经济产出上，国际咨询公司埃信华迈预测，到 2035 年 5G 将在全球创造 13.2 万亿美元的经济产出，约占 2035 年全球实际总产出的 5%。

（一）5G 网络系统突破

与 4G 网络一样，5G 网络也是由无线接入网、核心网和承载网三部分构成。用人体来作比喻，核心网就像大脑，无线接入网就像四肢，承载网就像神经网络，三者协同活动、相互支持，使移动通信网络作为一个有机整体实现数据的高效传输。然而，与 4G 网络不同的是，5G 无线接入网将采用高中频协同部署，以满足用户对覆盖及容量的需求，具有"宏微结合、高低搭配、室内外协同、高密度布网"的特点。为支撑高速 5G 无线组网及核心网，5G 承载网采用高速光通信设备及新型组网方式。5G 核心网采用云化架构，并向边缘下沉。此外，5G 网络作为通道传送了大量的数据，

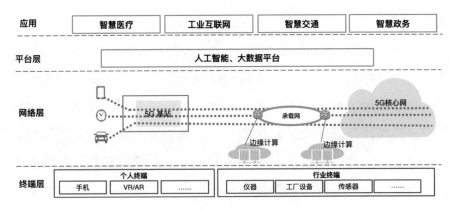

图 5-2 5G 基础设施示意图

集中形成大数据平台及人工智能平台，以支撑医疗、工业、交通等
各行各业的应用服务，如图 5-2 所示。

1.无线接入网

在技术标准中，5G 网络的频段远高于 2G、3G 和 4G 网络，主
要涉及中频段和毫米波频段，因此，5G 基站包括中频基站和毫米
波基站。5G 中频基站主要用于广域覆盖场景，5G 毫米波基站则主
要用于固定无线接入、热点地区和室内覆盖等场景。由于 5G 频段
的上移，其网络覆盖能力下降，5G 小微基站作为宏基站的重要补
充被大量采用，"宏基站为主，小基站为辅"的组网方式成为解决
网络覆盖的主要途径。整体来看，由于 5G 采用高频等原因，基站
数量将较 4G 增长一倍以上。

2.核心网

与 4G 相比，5G 核心网采用全新的服务化架构，支持网络功
能虚拟化（NFV）、网络切片、边缘计算、网络能力开放等技术，
可实现网络功能动态灵活部署，并且可针对不同业务场景提供差异

化的网络服务，满足用户定制化的业务需求。

5G 核心网采用基于服务的架构，将网络功能以服务的方式对外提供，支持按需调用、功能重构以及云化组网，提高了网络的灵活性和开放性。基于网络虚拟化技术，将传统专用网元进行软硬件解耦，实现硬件通用化、软件模块化，基于统一基础设施提供所有网络功能，实现资源的全局统筹、集中控制、动态配置、高效调度和合理部署。采用网络切片技术，可在同一个物理网络上切分出多个功能、特性各不相同的逻辑网络，灵活服务于不同需求的行业用户。基于边缘计算技术，将核心网和业务功能下沉到网络边缘、靠近用户的位置，支持基于应用的路由选择和边缘分流，满足垂直行业对网络低时延、大流量以及安全等方面的需求。5G 网络通过开放的网络接口和服务化描述，将网络能力和安全能力开放给第三方应用，便于第三方按照各自的需求快速开发定制化的新业务。

伴随 5G 商用化进程的推进，5G 核心网设备的技术研发和产业化日趋成熟，目前华为、爱立信、中兴通讯等设备厂商均推出商用设备。

3.承载网

5G 通信网络对承载网也提出了多样化的全新承载要求，例如，单个 5G 基站需要 25Gbit/s 及以上速率的传输资源，推动承载网络进一步向 100Gbit/s 甚至 400Gbit/s 速率演进。5G 还要求承载网同时支持低时延、高可靠和灵活切片等新型特性，现有承载网络无法完全满足。光纤通信网以其巨大可用频谱、超大容量、超高速率、高可靠性等优势，成为 5G 网络理想的承载技术。5G 基站内部不同单元（基带处理单元 BBU 和有源天线单元 AAU）之间、基站和核心网之间、核心网与外部网络之间均采用光纤传输技术。

（二）5G 终端多元创新

终端是移动通信用户连接网络和实现业务的基础，在新一代移动通信技术商用前期发挥着至关重要的作用，是催生"杀手级"应用的重要承载。"5G 发展，终端先行"已成为业界共识。与 4G 相比，5G 终端的市场化进程将更为迅速。在 4G 商用初期，空口标准及芯片体系的不统一阻碍了终端产品的快速市场化。而 5G 商用初期，生态系统的发展则更为成熟，空口标准的统一、基带与射频前端完整解决方案的快速跟进大大降低了终端商业化门槛，促使 5G 终端市场化进程更为迅速。

5G 将实现万物互联，5G 终端的概念也不再仅仅局限于手机，而是包括 VR/AR、无人机、无人车、家居设备等多种类型的智能硬件，呈现千姿百态、形态多样的发展特征，如图 5-3 所示。按

图 5-3　5G 泛终端

应用领域划分，5G 终端可分为消费类终端和行业类终端两大类。5G 商用初期，消费类终端将仍以智能手机为主要产品形态，同时伴随多类型智能硬件共同发展。5G 行业终端根据应用场景则可进一步分为基础类产品，如 5G 模组、行业用户驻地设备（Customer Premise Equipment, CPE）等设备；通用类产品，如 VR/AR、无人机等产品；行业定制类产品，如工控机器人；等等。

5G 消费类终端将率先爆发，垂直行业则是 5G 终端发展蓝海。5G 发展的第一阶段聚焦增强移动宽带场景，主要提升以"人"为中心的娱乐、社交等个人和家庭消费业务的通信体验，适用于高速率、大带宽的移动宽带业务及部分低时延场景，将带动智能手机、VR/AR、智能家居、消费级无人机等个人和家庭类终端产品率先爆发。5G 发展的第二阶段将实现与垂直行业的融合，VR/AR、无人机、机器人等通用型终端将借助 5G 能力赋能交通、安防、教育等多个垂直行业。同时，作为最重要的基础类终端，5G 模组将成为行业领域基础 5G 产品，实现快速规模化发展。随着 5G 应用于关键行业，定制类终端将呈现快速发展态势，"5G 通用模组 + 定制能力"将成为行业终端主流设计模式。随着 5G 在越来越多的行业中应用，5G 终端设备的边界仍在不断拓展，市场前景广阔。

（三）基础软硬件迭代升级

5G 将带动基础软硬件产业的创新发展。基础硬件和基础软件是 5G 支撑的基础和核心，5G 通信能力、处理能力和传输能力的不断提升，对大规模的网络建设、泛终端的规模应用奠定了产业的发展基础。移动通信技术每一次的变革基本都会推动芯片设计、制造、封测、材料、设备等多技术的系统化、集成化创新，网络和终端设备的高速处理需求带动基带芯片全面进入 7 纳米甚至 5 纳米先进工艺时代，如图 5-4 所示；5G 高频、大带宽特性推动射频器件及其材料、工艺的升级，提高射频系统效率和集成度。此外，网络革命性的云化和虚拟化发展，推动构筑开源开放的软件技术产品创新和应用生态；5G 网络传输大容量、低成本、高集成度需求推动光传送向着硅光通信技术方向演进；移动智能终端的高质量呈现需求，加快高分辨率柔性显示、VR 技术走向商用；移动操作系统将从传统聚焦硬件资源管理调度的基础平台，发展成为当前面向应用服务的平台体系。

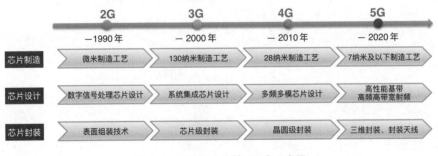

图 5-4　芯片技术支撑 5G 产业发展

（四）5G 应用百花齐放

5G 加快向经济社会各领域渗透，从移动互联网拓展至工业互联网、物联网等更多垂直行业，重塑传统产业发展模式，推动各行各业网络化、数字化、智能化转型。5G 融合应用体系包括三大应用方向、四大通用应用和 X 类行业应用，如图 5-5 所示。从应用方向上看，5G 应用包括产业数字化、智慧化生活、数字化治理三大方向，产业数字化方向将助力经济高质量发展，智慧化生活将进

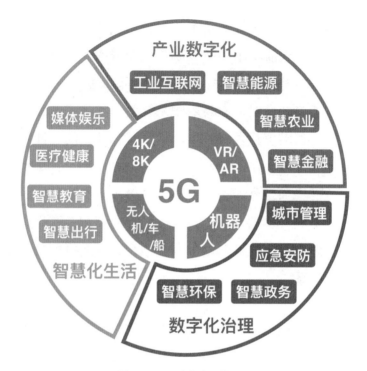

图 5-5　5G 融合应用体系

资料来源：中国信息通信研究院。

一步提升人民生活幸福感，数字化治理方向将进一步利用 5G 提升社会治理现代化。5G 通用应用（即未来可能应用于各行业各种 5G 场景的应用）包括 4K/8K 超高清视频、VR/AR、无人机/车/船、机器人四大类，这四大类应用既可以服务于个人用户，也可以服务于行业用户；5G 应用到工业、医疗、教育、安防等领域，还将产生 X 类创新型行业应用。随着商用进程全面开启和网络建设加速推进，5G 融合应用成为未来发展的关键所在。目前 5G 应用在广度、深度、技术的创新性等方面仍处于起步阶段，各类 5G 创新应用百花齐放，一些应用逐渐从单一化业务探索、试点示范阶段进入体系化应用场景、复制推广阶段。

二、5G产业大幕全面开启

5G代表了现阶段全球信息通信领域最高端、最先进的整体实力，综合体现了一个国家或地区产业创新发展水平。美国、欧洲、日本、韩国等全球主要国家和地区的企业纷纷加快5G产业的布局，产业生态链不断完善，5G产业发展大幕已全面开启，多个万亿级新兴产业已在路上。

（一）5G重点产业环节日趋成熟

1.网络设备加速商用步伐

伴随5G标准化进程的推进，5G基站与核心网设备的技术研发和产业化日趋成熟，目前主流设备厂商均推出可支持非独立组网（Non Standalone, NSA）和独立组网（Standalone, SA）两种模式的网络设备。全球5G网络设备仍以中频为主，2019年全球5G网络设备市场，中频设备占比达到75%。不同国家布局重点有所差异，美国前期以高频基站为主，主要用于固定无线接入、热点地区和室内覆盖，目前正在从卫星广播电视公司收回C频段频谱，以配合运营商的5G网络扩容计划；我国以中频基站为主，主要用于广域覆盖。

根据国际咨询公司埃信华迈的数据，2019年全球5G网络设备市场中，华为、爱立信、三星、诺基亚和中兴通讯分列第一到第五位，市场份额分别为26.2%、23.4%、23.3%、16.6%和7.5%。

2. 5G 终端产业快速发展

在 5G 商用初期，5G 终端仍以智能手机为主。目前华为、三星、OPPO、vivo、小米、中兴通讯等厂商均已发布多款支持 5G 网络的手机。根据 Strategy Analytics 数据，2019 年全球 5G 智能手机出货量已经达到了 1870 万部，其中 5G 中频手机占比超 80%。华为、三星、vivo、小米、LG 分列第一到第五位，市场份额分别为36.9%、35.8%、10.7%、6.4% 和 4.8%。预计 2020 年全球 5G 智能手机出货量将达到 2 亿部。

随着 5G 模组的不断成熟，5G 将逐步在工业、汽车等领域实现规模应用，5G 终端设备的边界将会不断拓展，市场前景广阔。高通在 2018 年 2 月推出了骁龙 5G 模组解决方案，旨在简化终端设备设计，降低成本，支持原始设备制造商在智能手机和主要垂直行业中加快 5G 的商用。华为 2019 年 10 月发布全球首款商用 5G 工业模组 MH5000，单片价格为 999 元，远低于此前 5G 模组的价格，大幅降低了终端制造成本，有利于 5G 终端的快速普及。目前已有上百种 5G 产品正在导入与集成华为 5G 工业模组。

3. 5G 基础硬件加快布局

当前 5G 正加速走来，5G 应用场景的扩大和关键技术的升级给终端与基站中的芯片和器件技术产业发展带来了新的机遇。5G 多模多频通信将对通信基础器件尤其是射频器件产生直接的拉动作用，高通、Skyworks、Qorvo 等国际芯片巨头正在加紧对 5G 基带、射频芯片及器件的抢滩布局。随着 5G 万物互联时代的开启，5G 核心元器件成为整个元器件产业增长的核心驱动力，预计到 2025

年，全球 5G 核心元器件市场规模累计将超过 2000 亿美元，其中，5G 终端核心元器件市场规模累计将达到 1500 亿美元，5G 网络设备核心元器件市场规模累计将达到 500 亿美元。

高通、华为海思、联发科、三星等厂商纷纷发布 5G 手机芯片。当前的 5G 手机芯片基本采用 7 纳米及以下先进工艺，支持全部的 5G 关键频段，支持独立组网和非独立组网双模组网模式，产品覆盖高中低产品线，满足不同档次机型的需求。高通在 5G 市场继续保持在移动芯片领域的领先优势，对于高端产品采用外挂 5G 基带芯片的设计，以满足追求极致性能的产品要求。华为的 5G 手机主要采用自研芯片，其华为和荣耀品牌手机出货规模的快速成长也加快了华为芯片的发展。联发科 4G 时代在中低端手机芯片进行了较多布局，在 2019 年发布了针对高端手机的 5G 手机芯片——天玑 1000。三星一直坚持采用高通骁龙和自研芯片双平台战略，5G 商用后，三星尝试加强自研芯片的对外输出，发布了多款芯片并应用于部分手机。

4.软件生态日益完善

5G 智能手机操作系统仍以谷歌安卓和苹果 iOS 为主，目前二者市场占比合计超过 99%，凭借在操作系统方面的优势建立了完整的产业生态，使其他操作系统难以立足。2019 年 9 月 4 日，谷歌正式发布了支持 5G 设备的 Android 10 操作系统。苹果则预计在 2020 年发布支持 5G 网络的新一代操作系统。

5G 将大幅扩充物联网应用场景，推动物联网操作系统市场发展。物联网操作系统按技术路线可划分为三类：一是基于传统的轻量级实时操作系统增加物联网连接性，以亚马逊 FreeRTOS、英特尔 Zephyr 为代表；二是基于通用操作系统进行剪裁，以微软 Windows IoT、谷歌 Android Things 为代表；三是新一代跨平台物联网操作系统，采用全新的微内核架构，可实现跨终端协同，以谷歌 Fuchsia、华为鸿蒙为代表。物联网由于其碎片化的特点，操作系统尚未像智能手机领域形成集中发展态势，特别是消费物联网领域，为后来者创新产业生态创造了机遇。

5G 将推动传统车载操作系统向智能网联汽车操作系统升级。目前主流车载操作系统包括黑莓 QNX、微软 WinCE、Linux 等。5G 将加快高精度地图、辅助驾驶、智能出行、智能交互等智能网联汽车应用的落地，对于车载操作系统的硬件支持、图形渲染、多媒体框架、应用服务技术、端云协同等技术都提出了全新的要求。传统操作系统对以上技术支持有限，黑莓 QNX 对互联网应用和服务生态支持较弱，微软 WinCE 长期停止更新，Linux 属于小众定制化市场难以普及。以谷歌安卓系统和阿里巴巴 AliOS Auto 为代表的智能网联汽车操作系统正在快速发展，份额逐步上升。

（二）全球 5G 产业化发展快速推进

1. 全球 5G 商用进程不断加速

根据中国信息通信研究院的数据，截至 2019 年 12 月底，全球已有 33 个国家和地区的 61 家运营商开始提供 5G 业务（含固定无线和移动服务），全球 5G 商用网络分布如图 5-6 所示。与 4G 商用第一年（2010 年）推出 16 个网络相比，5G 部署明显提速。各国 5G 网络部署均采用非独立组网模式，覆盖范围有限，大部分国家仅限于大城市中的少数地区。美国毫米波 5G 网络覆盖仅限城市部

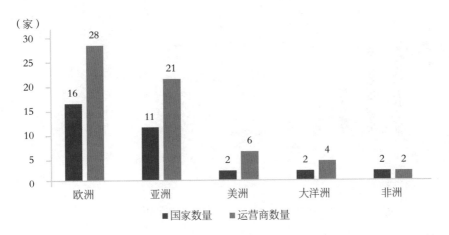

图 5-6　2019 年全球 5G 商用国家和地区分布

分区域，且 5G 信号通常只在室外可用；韩国网络覆盖主要城市的人口密集地区以及主要机场、场馆等人口密集建筑；在欧洲，除瑞士、摩纳哥达到了 90% 以上的人口覆盖，其他国家的 5G 网络覆盖都比较有限，仅限于大的市镇少数地区。韩国、新加坡、美国和瑞士的运营商都计划在 2020 年开始部署 5G 独立组网模式。

2. 5G 终端款型快速增长

全球移动设备供应商协会（Global Mobile Suppliers Association, GSA）数据显示，截至 2019 年 12 月，全球一共发布 5G 终端 199 款，包括 63 款手机和 61 款 CPE 终端，如图 5-7 所示，涉及 76 家厂商品牌，其中至少 29 款手机、9 款 CPE 已上市。5G 终端类型不断丰富，5G 终端中除了手机、CPE、模块、热点、路由器外，还包括机器人、电视、头戴显示器、自动售货机等多种新型终端。5G 终端支持频段以中频段为主，在已发布的 5G 设备中，支持 6GHz 以下频段的比例达到近 60%，近三分之一支持毫米波频谱。

5G 终端价格不断下探。价格因素成为目前 5G 终端能否快速

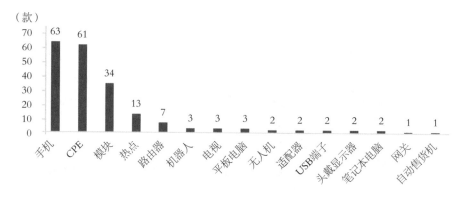

图 5-7　2019 年全球 5G 终端发布情况

推广的一个关键。随着 5G 商用的快速推进，更低价格的终端将陆续推出，从而也将推动 5G 更快普及，形成良性循环。2019 年 5G 终端价格从万元左右下探到 2000 元左右，如图 5-8 所示，预计到 2020 年年底，部分 5G 手机的价格可能会降至 1000 元左右，CPE 价格降到 500 元上下。

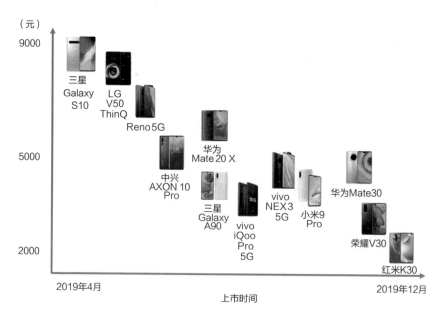

图 5-8　2019 年全球主要 5G 手机价格情况

3.5G 用户数量增长加速

由于全球 5G 商用还处于初级阶段，运营商 5G 网络覆盖有限，缺乏与 5G 技术匹配的内容和应用，5G 用户还未成规模。2019 年全球 5G 用户数达到 1000 万。2020 年以来，主要国家 5G 用户增长开始加速，截至 6 月底，韩国 5G 用户数超过 700 万，我国 5G 终端连接数超过 6000 万。

4.5G 融合应用拉开序幕

全球 5G 在信息消费领域的应用仍处于探索期，韩国发展起步较早，已经形成一定规模。国外针对个人用户的应用场景主要是固定无线接入和增强移动宽带业务，在提供 5G 业务的运营商中，有 36% 的运营商只提供固定无线接入业务。韩国 5G 信息消费类应用发展迅速，得益于文化娱乐、体育、游戏等产业发达，韩国运营商积极培育 VR/AR 和云游戏等内容产业，360 度体育赛事直播、360 度演唱会直播、VR/AR 为热门 5G 应用。根据韩国科学技术信息通信部公布的数据计算，自商用后，韩国 5G 网络流量快速增长，占全网流量的比例持续提高，2020 年 2 月达到 23.33%，韩国 5G 的户均流量超过 25GB/月，是 4G 用户的 2.6—2.8 倍。5G 用户对多媒体应用的使用比 4G 用户更加活跃，根据韩国电信统计，其 5G 用户使用 VR 服务比 LTE 用户多 7 倍，视频流服务多 3.6 倍，游戏应用多 2.7 倍。SK 电讯推出了多项高清视频类服务，如通过手机屏幕参观英雄联盟公园的电子竞技体育场、通过 360 度 VR 摄像头近距离观看电子竞技、从游戏角色的角度观看 360 度的战斗场景等业务，为用户在观看电子竞技游戏时提供逼真的沉浸式体验。此外，韩国 LG U+ 与英伟达合作，推出 5G 云游戏服务，用户无须下载即可利用 5G 智能手机享受游戏业务，目前共提供 200 余种游戏，为吸引客户，该游戏基本款服务免费向 5G 用户提供。

全球 5G 行业融合应用仍处于探索期，"5G+ 工业互联网""5G+ 医疗""5G+ 智慧城市"等多种应用场景开始小范围试用。5G 在工业领域的融合应用试验逐步深入。奥迪与爱立信合作启动新的人机交互试验项目，通过 5G 连接自动化生产机器人，解决生产过程中的人身安全问题；诺基亚为汉莎技术公司部署 5G 工业级专用无线网络，为汉莎航空公司民航客户提供飞机发动机零部件远程检测服务；比利时运营商在安特卫普港计划开发联网拖船，自动驾驶车辆和无人机等 5G 用例；俄罗斯运营商 MTS（Mobile Tele Systems）用 5G 优化汽车工厂的工业流程。5G 医疗极大改善了紧急医疗服务质量。2020 年 2 月，Orange 西班牙子公司、爱立信和思科进行 5G 紧急医疗试验，利用 5G 与专业医疗人员即时共享高质量图像，展示 5G 技术在提供紧急医疗服务方面的优势。美国运营商 Verizon 与艾默里医疗保健集团合作成立美国首个 5G 医疗创新实验室，利用 5G 进行实时数据分析，实现远程医疗和远程患者监控，提供从救护车到急诊室期间的即时诊断和医学成像。5G 应用于环境保护与公共安全监控创新城市管理模式。意大利运营商在都灵市利用 5G 边缘云网络进行无人机试验，实现环境和基础设施监测，以避免或减少潜在的洪水泛滥，保护城市古迹，并增强公园等城市安全保障；意大利"热那亚 5G"项目利用 5G 实施视频监控和环境监控，以监测空气质量和管理照明系统；马来西亚部署了 5G 智能城市安全保障用例，在兰卡威的著名海滩安装了多个 360 度超高清 4K 全景实时视频监控摄像机。

三、我国迎来了 5G 生态创新新时期

我国移动通信产业的崛起和 5G 商用的加速，推动着我国 5G 产业的快速发展。当前我国 5G 产业发展扎实有序，我国企业在 5G 技术、产业等领域的实力不断增强，5G 产品日渐成熟，上下游产业链日趋完备，产业生态圈和创新生态链正在逐渐形成，5G 产业规模有望快速扩大。

（一）中国 5G 产业生态加速形成

2019 年 6 月 6 日，工业和信息化部正式向中国电信、中国移动、中国联通、中国广电发放 5G 商用牌照，我国正式进入 5G 商用元年。中国 5G 产业快速发展，5G 上下游产业生态正在加速形成，5G 技术和产品日渐成熟，系统、终端、芯片等产业链日趋完备。5G 网络的规模化发展将带动中国芯片、器件、软件、仪器仪表等基础产业的快速发展，推动新一代信息技术产业创新发展。与此同时，要清醒地认识到中国 5G 产业仍面临诸多困难和挑战，应加强产业链关键环节的技术创新突破。

网络设备方面，2019 年全国累计开通 5G 基站超过 13 万座，目前华为、中兴通讯等均推出可支持非独立组网和独立组网两种模式的网络设备，主要功能已达到商用要求。根据公司披露的数据，截至 2020 年 2 月，华为已获得 91 个 5G 商用合同，5G 基站发货量

超过 60 万个；截至 2020 年 3 月，中兴通讯已在全球获得 46 个 5G 商用合同，覆盖中国、欧洲、亚太地区、中东地区等主要 5G 市场，与全球 70 多家运营商展开 5G 合作。

终端设备方面，国产手机全球份额超过 45%，华为、小米和 OPPO 在全球智能手机市场份额分列第二、第四和第五位。目前华为、OPPO、vivo、小米、中兴通讯、联想、一加等厂商已发布数十款支持 5G 网络的手机。根据中国信息通信研究院数据报告，中国 5G 手机出货量持续提升，市场新增需求由 4G 向 5G 过渡，2019 年国内 5G 手机总体出货量达到 1376.9 万部，如图 5-9 所示。

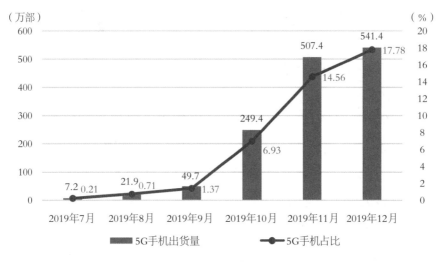

图 5-9　2019 年中国 5G 手机出货量及 5G 手机占比

基础器件方面，国内企业不断加快研发和产业化进程。网络设备器件方面，华为发布业界首款 5G 基站核心芯片天罡芯片，在集成度、算力、频谱带宽等方面，取得了突破性进展；中兴通讯也已完成 7 纳米工艺芯片的设计并量产；国内企业纷纷加大对砷化镓、氮化镓、锗硅等中高频器件及其工艺的研发。终端器件方面，华为海思推出业界首款支持独立组网和非独立组网的5G基带芯片巴龙5000，并发布了业界首款旗舰级5G SoC芯片麒麟990；紫光展锐也推出5G基带芯片春藤510。5G毫米波器件仍处于起步阶段，国内企业和高校研究院所正在加大研发力度。华为完成了5G毫米波的功能、射频和外场性能等关键技术测试，华为海思芯片已进行了5G毫米波关键技术的室内功能测试，预计将于2020年下半年推出支持毫米波的手机SoC芯片。

操作系统方面，国内企业着重培育产业生态。随着5G推动万物互联的加速发展，企业积极布局面向物联网的跨平台操作系统。阿里巴巴推出面向智能网联汽车、智能家居等多种设备的AliOS，华为则推出物联网操作系统LiteOS和微内核操作跨平台操作系统鸿蒙，百度发布了智能语音操作系统DuerOS等。

仪器仪表方面，星河亮点、大唐联仪等国内企业10多年来逐渐成长为中国领先的通信测试厂商，主要业务包括通信终端和芯片的研发、生产和认证测试设备及服务，涵盖2G、3G、4G、NB-IoT、5G等移动通信测量业务，多项产品填补了中国通信产业测试环节的空白，为中国TD-SCDMA、TD-LTE、NB-IoT以及正在蓬勃发展的5G产业技术的成熟作出了重要贡献。

（二）中国5G产业规模迅速壮大

1.5G网络进入大规模部署阶段

我国处于全球5G商用第一梯队，是较早发放5G牌照的国家之一。在2019年10月31日的中国国际通信展上，三大运营商宣布正式启动5G商用，并发布了5G商用套餐，我国5G商用大幕正式开启，商用全面提速，网络建设进入了快车道。截至 2020 年 3 月底，全国已经建成的 5G 基站 19.8 万个。

2020 年我国将进入大规模 5G 网络建设阶段，到 2020 年年底，我国的 5G 基站预计将超过 60 万个。其中中国移动 2019 年内在全国范围内建设超过 5 万个 5G 基站，在 50 个以上城市提供 5G 商用服务，2020 年建设目标为 30 万个；为有效降低 5G 网络建设成本，中国电信和中国联通决定采用共建共享方式建设 5G 网络，双方在区域性进行了相应的合作和划分，2020 年共建共享建设目标为 25 万个；中国移动与中国广电也正探索共建共享合作，中国广电还公布了网络建设目标，计划 2020 年正式商用 5G，并开展个人用户及垂直行业业务，并开始 700MHz 频段的 5G 网络试点。此外，电信运营商还将加快 5G 网络由非独立组网向独立组网的演进，推动独立组网端到端产业链成熟，力争在年内实现独立组网商用。我国 5G 网络建设将分阶段逐步推进，初期将在重点城市和热点地区，以及有需求的行业应用领域开展，然后逐步向地市级城市和乡村拓展，最终建成覆盖全国、技术先进、品质优良、高效运行的 5G 精品网络。

2. 用户规模与网络覆盖同步扩大

5G 正式商用后，我国 5G 用户规模与网络覆盖范围同步快速扩大，用户规模以每月新增百万的速度扩张。5G 终端的同步上市是 5G 良好发展的保障，截至 2020 年 4 月，我国共有 89 款 5G 终端获得入网许可（国产 81 款），其中，82 款为手机（其中 67 款支持独立组网模式），国产手机 75 款（其中 63 款支持独立组网模式）。截至 2020 年 3 月，国内市场 5G 手机累计出货量 2783 万部，呈明

显增长趋势。运营商纷纷加快 5G 网络建设，我国 5G 用户数量在
2020 年有望实现快速增长。

3. 应用实践深度广度不断提升

我国 5G 应用实践的广度、深度和技术创新性正在不断提
升。针对个人消费者市场，国内运营商推出了"5G+4K 高清视
频""5G+VR/AR"等特色视频业务，三大运营商联合推出 5G 消息
等新型应用。在行业应用领域，我国 5G 融合应用正在从试点示范
逐渐步入应用推广阶段，业务探索从单一化业务向体系化应用场景
转变，工业互联网、医疗健康、文体娱乐、公共安全类应用数量明
显增多，5G 与人工智能、大数据、云计算结合更加紧密。2020 年
5G 应用在助力新冠肺炎疫情防控和复工复产工作中发挥重要作用。
疫情之下，5G 在远程医疗、公共监控、智慧教育、远程办公、巡
检物流等领域初试身手，与疫情相关的 5G 应用已有 100 余项，5G
远程会诊、远程超声诊断、5G 医护机器人等应用在多个医院得到
了实际应用，5G 热成像技术、5G 远程教育、5G 远程签约、远程巡检、
智慧物流、远程监控等多种创新应用正在助力各行业复工复产。

我国通过举办 5G 应用大赛、成立联盟等方式，正在积极培育
5G 应用生态。为推动 5G 发展，工业和信息化部指导举办了两届
"绽放杯"5G 应用征集大赛：2018 年首届大赛，就得到了业界的广
泛关注和支持，共有 189 家国内外企业参与，涵盖基础运营企业、
互联网企业、科研院所等产业界各方力量，参赛项目达 334 个；
2019 年 1 月启动了第 2 届"绽放杯"5G 应用征集大赛，陆续举办
了浙江、上海、江苏、四川和广东等区域赛事，以及智慧城市、智
慧生活、智慧工业、智慧医疗、智媒技术、云应用、车联网和 VR

8 个专题赛，共收到参赛项目 3731 个（项目数量是 2018 年的 10 倍），参与单位 3000 多家，覆盖了 26 个省（区、市）。2019 年 6 月，在工业和信息化部指导下，中国信息通信研究院牵头成立了 5G 应用产业方阵，立足于搭建 5G 应用的融合创新平台，解决共性技术产业问题，形成 5G 应用产业链协同，实现 5G 应用的孵化与推广，促进 5G 应用蓬勃发展。

第六章
5G 定义新时代的生产方式

    4G 改变生活，5G 改变社会。5G 将成为我国经济高质量发展的重要加速器。那么，未来 5G 将如何改变经济社会发展轨迹？5G 如何赋能数字经济？各垂直领域又如何去利用 5G 助力自身的转型升级？本章将从 5G 助力经济高质量发展的角度，介绍 5G 在工业、能源、农业、金融等传统行业的应用，通过具体应用案例，揭示 5G 如何提升各行业效能，提升生产和工作效率，节约人力成本，进而给各行业带来深刻变革。

5G 将重塑传统产业发展模式，实现业务改造或重构。随着 5G 商用进程的深化，5G 技术将推动移动互联网、物联网、大数据、云计算、人工智能等关联领域裂变式发展，为工业、能源、农业、金融等垂直行业赋能。5G 可以融入设计、研发、生产、管理、服务等各个环节，满足人、物、机器等各要素之间全连接需求，实现泛在深度互联，并带来工作模式的创新，实现个性化定制、远程监控、远程运维、智能产品服务等新模式，使行业变得更加数字化、网络化、智能化。5G 与云计算、大数据、人工智能、区块链等新技术深度融合，通过深度挖掘新技术和各垂直领域对 5G 应用的需求，加速 5G 与各行各业融合，创新应用和服务，促进 5G 技术向经济社会各领域的扩散渗透，孕育新兴信息产品和服务。未来 5G 将逐步创造新的需求，产生新型服务，推出新的商业模式，带动形成全社会各行业广泛参与、跨行业融合的十万亿级 5G 大生态，为社会转型和行业升级注入强劲动力。

一、5G 孕育着新一轮工业革命

工业发展水平是衡量国家整体经济实力的重要指标，工业数字化、网络化、智能化发展也成为第四次工业革命的核心内容。而以 5G 为代表的新一代信息技术则将为工业的数字化升级打下了坚实的基础。5G 与工业互联网的融合不断深入，成为促进工业转型升级的关键举措，2019 年 11 月，为推动"5G+工业互联网"加速落地，高质量推进 5G 与工业互联网融合创新，工业和信息化部制定了《"5G+ 工业互联网" 512 工程推进方案》，进一步夯实产业基础，探索融合路径，完善发展环境，推动工业从单点、局部的信息技术应用向数字化、网络化和智能化转变，也为 5G 开辟更为广阔的市场空间。

5G 与工业互联网融合将催生更多新需求，创建新业态和新模式，全面激发产业发展新动能。新一轮工业革命以来，工业面临着个性化生产及服务化转型的挑战，其数字化、智能化升级对承载网络性能提出较高要求；而 5G 作为新一代移动通信技术，能够优化解决一些影响生产效率的流程工序，为工业企业产线柔性化、生产智能化提供网络支撑，并搭建起企业与用户、供应链等联系的桥梁。

国内外高度重视 5G 与工业的融合发展，图 6–1 给出了 5G 为工业研发设计、生产制造、质量管控、应用维护和供应链管理等多个环节带来的变革：研发设计位于上游并根据用户需求设计产品方

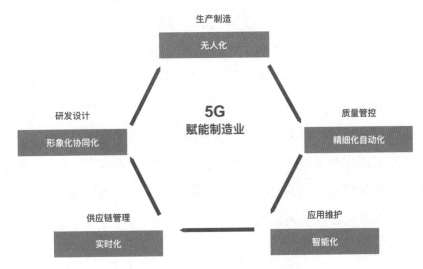

图 6–1　5G 助力工业各环节转型升级

案，5G 将助力研发设计形象化协同化发展；生产制造实现方案的实际加工成品，5G 将促进生产制造无人化发展；质量管控是保障产品性能的关键环节，5G 将带来更精细化、自动化的质量管控方式；应用维护是产品售后的延续服务环节，5G 将提高其整体的智能化水平；供应链管理是实现产品供需有效对接的部分，5G 将绘制实时化供需对接愿景。

在上述环节中，生产制造、质量管控和应用维护已在与 5G 的融合过程中取得了一定的应用成果。从 5G 融合场景的角度看，"5G+ 超高清视频""5G+VR/AR""5G+ 机器视觉"等应用较为成熟，会优先在质量管控、应用维护等环节应用；其次是自动导引运输车（Automated Guided Vehicle，"5G+ AGV"）、"5G+ 无人机"等不涉及工业控制系统的应用，会在生产制造的非控制类业务展开应用；最后是以"5G+ 远程控制""5G+ 云端机器人"等为代表的控制类场景，在与工业控制系统融合后实现最佳融合效果。

5G 与工业融合应用存在巨大的潜力，可以在多个环节促进产业升级。然而，目前 5G 与工业融合应用仍处于初级阶段，面临着诸多问题与挑战：第一，5G 与工业生产的关键技术仍需要创新和突破，加快 5G 行业网络部署方式、与工控系统融合的研究将有效促进 5G 工业应用的落地；第二，工业通用的终端模组的研发亟待加强，实现规模化生产和应用是 5G 应用到工业领域的重要保障；第三，商业模式仍需要不断探索与明确，融合应用的运营、管理、维护仍然需要业内认可的模式。

（一）5G助力生产制造方式深度变革

生产制造环节是整个工业的核心，通俗来讲，生产制造就是企业通过专业的生产设备对工业产品进行加工制造的过程。在数字化程度较高的工厂内，生产制造环节包括设备自动化控制、生产过程监控、工厂内产品物流、数据信息采集、生产环境检测等多个方面，以实现工业产品生产过程的稳定可控。

传统工业企业数字化水平有待进一步提升，尤其直接影响产品质量和生产效率的生产环节，从设备实时远程控制看，出于稳定性的考虑，当前大多数的工业企业依旧采用有线网络实现设备控制，限制了生产的灵活性，还在一定程度上限定了生产过程的控制范围。从生产过程实时监控看，目前工厂内监控科技水平良莠不齐，仍有一部分工厂通过人工巡检的方式进行不定期的排查，不仅造成安全保障，更增加了人员成本。实现设备实时远程控制、生产过程实时监控等有利于传统工业企业降本增效，但基于现有网络环境下难于实现，挑战重重。

随着5G时代的到来，依托远程控制及智慧物流，5G将为工业智能化生产提供全方位支撑。远程控制对网络传输时延提出了极高的要求，通常工厂内设备远程控制的通信传输时延需要控制在10毫秒以内，传统无线通信方式难以满足这一需求，而"5G+远程控制"将为生产制造提供全新的解决方案；AGV的出现为实现高效、经济、灵活的无人化生产提供了帮助，通过5G网络远程控制大量AGV，工厂在产品搬运、设备探测、自动识别等方面已广泛地衍生出各类应用场景。

案例 1：青岛港利用 5G 实现岸桥吊设备的远程控制

青岛港是目前世界最大的综合性港口之一，自动化信息化程度高，但此前青岛港的岸边装卸区岸桥吊的远程控制是通过岸桥吊上的光纤实现的，光纤易被折断、磨损，因此对用无线智能化传输取代有线网络传输有着迫切的需求。在此背景下，青岛港利用中国联通的 5G 网络替代了原有的光纤开展远程控制实验，通过 5G 连接，操作人员在远程控制中心成功地对自动化岸桥吊车进行了远程操作，完成了集装箱的抓取和运输。同时，岸桥吊设备现场安置了不同角度的 30 多路高清摄像机，其所拍摄的视频通过 5G 网络实时回传到了图 6-2 所示的远程控制中心，实现了操作人员对现场环境的全方位掌控和作业现场的无人化操作，提升了操作灵活性和可靠性，人工成本大幅降低，改善了工人的作业环境，港口作业效率显著提高。

图 6-2　基于 5G 的岸桥吊设备远程控制

资料来源：中国联通。

案例 2：三一重工利用 5G 实现 AGV 的智能联网控制

三一重工在位于北京的南口厂区部署 5G 基站，并在南口厂区和回龙观厂区之间建立 5G 专线，实现南口厂区 AGV 的智能网联，可在回龙观厂区实时观察南口厂区 AGV 的生产运行情况。三一重工的新一代 AGV 以激光引导式和视觉引导式 AGV 应用为主，其中激光引导式 AGV 上安装有激光扫描器，依靠激光扫描器发射激光束计算并调整车辆当前的位置以及运动的方向，从而实现自动搬运；视觉引导式 AGV 上则装有摄像机和传感器，摄像机通过动态获取车辆周围环境图像信息并与图像数据库进行比较，从而确定当前位置并对下一步行驶作出决策。三一重工创新性地利用 5G 大带宽、低时延特性将小车上的视觉 / 激光导航及感知能力上移至边缘平台，为 AGV 远程提供各类分析及感知等能力，实现对 AGV 的智能监控、任务分配、任务追踪、交通管制等智能化功能。

（二）5G 支撑工业质量管控高度自动化

质量管控是保证工业产品或服务质量的关键环节，简单来说，质量管控就是企业通过额外的程序对工业产品进行质量检测和次品筛查的过程，是生产制造环节的延续。该环节需要检查和验证产品或服务质量是否符合有关规定，一般可以通过机器或人工的方式，并结合常规检测、抽样检测等方法对产品或服务质量进行把控。

传统工业企业的质量管控过程存在若干问题，这导致质量检测的精度和覆盖率都难以达到较高的水平：多数企业的质量检测环节仍通过人工的方式，往往会导致检测失误率高、效率低下等问题，并且检测产品通过人员判断后，难以形成可追溯性数据记录，不能给产线工艺的提升提供有效数据支撑；即使部分大型企业已开始采用机器视觉的方式开展质量检测，由于网络承载能力的限制，实现实时反馈的自动化质量检测仍存在不少问题。5G 将为工业产品质量无人化精细管控提供解决方案，"5G+ 机器视觉"不仅实现了机器视觉设备的灵活部署，还能够为检测系统的大量高清视频或图片信息的实时交互提供保障。

案例：中国商飞利用"5G+ 机器视觉"实现复合材料无损检测

2019 年 2 月，中国联通联合中国商飞发布 5G 智慧厂区，方案中通过机器视觉检测设备扫描复合材料结构，依托 5G 网络实现检测数据快速传输，在云端对海量缺陷样本进行深度学习，形成智能评价算法，最终建立快速、可靠、智能的无损检测与评价系统。融入了人工智能技术的复材无损检测系统取代了人工评判的方式，可实现复合材料结构实时检测与评价，同时，对比试块数量减少 90% 以上，评判时间由 4 个小时缩短为几分钟，专业人员成本降低 95%，实现复合材料结构快速可靠的无损检测与评价，为飞机安全可靠运行提供坚实的技术保障。

（三）5G 助力设备维护模式全面升级

设备维护是保障生产制造顺利开展的重要环节，通俗来讲，设备维护就是企业通过巡检或点检的方式对工厂设备进行现场检测及维修的过程。设备维护的目的是掌握设备运行状况及周围环境的变化，发现设施缺陷和危及安全的隐患时立刻采取有效措施，保证设备安全和系统稳定。

在传统工业企业的设备维护过程中，日常设备巡检和点检工作仍大多采用人工的方式，导致巡检精度和巡检效率都受到了限制：人工巡检通常依靠填写纸质工单或者电子工单的方式记录并上报发现的问题，缺乏前后端的交互及后台支撑从而现场解决问题；同时，纯人工巡检的方式效率低，巡检人员的主观意识对巡检结果影响大。

依托 AR 技术，通过 5G 网络在 AR 终端上叠加融合数字化信息，以可视化方式来指导、引导并改进与实体物质进行交互的方式，从而构建人与物的新型交互界面。AR 技术的实现同样依赖较强的网络能力，深度沉浸的 AR 在数据交互的过程中不但需要较高的传输速率，而且需要极低的通信时延。

案例：家电制造企业利用"5G+AR"
开展辅助指导、巡检及点检

美的、海尔等家电制造企业利用"5G+AR"在辅助指导、巡检及点检等方面开展了广泛的应用。在 AR 远程辅助运维指导方面，如果核心技术人员不在场，遇到了

图6-3 工厂 AR 辅助检测

资料来源：海尔工业智能研究院。

设备调试、产线异常、设备停机等难以处理的问题，可以佩戴 AR 眼镜并远程呼叫技术人员立刻上线，通过共享视野及远程标记快速排查异常，实现异地远程协同操作，确保操作的准确性和作业效率；工厂产线维修人员佩戴 AR 眼镜，通过摄像头进行第一视角的音视频拍摄，经过 5G 网络传输到专家办公室的终端，两端进行实时音视频通信，专家可以在电脑、手机等设备上对眼镜端采集的视频进行 AR 标注、冻屏标注等操作，该指导信息可实时呈现于维修人员的视线中，最终实现远程指导。在 AR 巡检及点检方面，图6-3 中的工厂产线巡检人员通过佩戴 AR 眼镜实现对加工设备的智能化检测，结合需检查设备的明细及表单，通过 AR 设备完成对具体检测设备、精密仪器的状态确认和影像数据记录（通过设备确定状态并同步拍照），从而实现人员操作信息的实时记录和上报。

5G 与工业的融合发展正处于探索期，在生产制造、质量管控、运营维护等环节呈现出良好态势。第四次工业革命及我国工业互联网战略发展将促使 5G 与工业的融合力度进一步增大，更多的应用场景、更稳定的商业模式和更广阔的市场前景会对工业产生深远的影响。

二、5G 带来智能化的国家能源网

当今世界，新一代信息化和数字化技术加速兴起，能源行业正面临深刻变革。电力行业是我国能源领域的支柱行业，更是国家未来能源战略的重中之重。为顺应新时代背景下能源革命和数字革命融合发展趋势，助推我国电力行业实现数字化、智能化高质量发展，2016 年，国家发展改革委、国家能源局制定了《电力发展"十三五"规划》，明确提出：我国将加快推进"互联网+"智能电网建设，全面提升电力系统的智能化水平，充分发挥智能电网在现代能源体系中的作用。5G 通信技术能够有效提升电网数据采集频率、提高末端设备泛在覆盖率、实现云—边—端智能化协调，助力推进智能电网建设、加速电网数字化转型升级进程。

5G 技术究竟如何对能源电力行业产生深刻变革呢？从电力系统组成来看，电力系统包括发电、输电、变电、配电、用电五大环节，5G 技术已应用于电力系统的各个环节，如图 6-4 所示。在配电环节，5G 技术将有效推动配电自动化、柔性化转型。一方面，5G 技术能够有效提升配电设备数字化、网络化、智能化水平，实现配电网设备可管可控，并提升控制的精细化水平；另一方面，5G 能够实现分布式能源泛在接入和智能化管理，保障配网稳定。在用

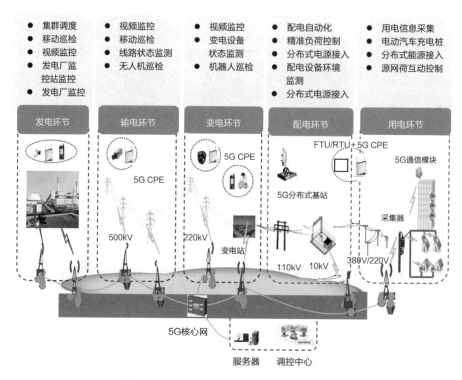

图 6–4　5G 技术深入能源电力领域各个环节

资料来源：国家电网。

电环节，5G 技术将助力用电端向服务化、智能化方向发展，例如，通过支持阶梯电价、实时电价等业务，实现更加精准预测用电需求，提升供需协同等。对于发电、输电、变电这三大环节，5G 技术主要以移动巡检、视频监控、环境监测等新型业务方式增强电力系统管理能力。从目前应用业务的发展情况看，5G 技术对配电和用电环节业务影响较大，变革趋势较为明显。

从目前阶段的应用统计情况看，5G 技术在能源电力领域已展开广泛探索，5G 技术将持续为能源电力各大业务需求提供有力支撑。从图 6–5 中可以看出，移动巡检、配网差动保护、精准负荷控制、设备信息采集业务为主要应用探索方向，已形成一定规模，市

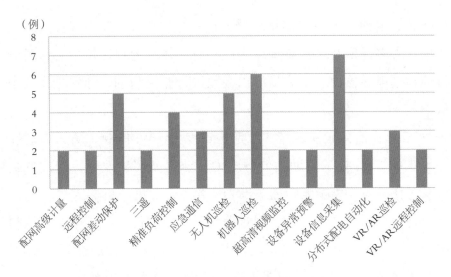

图 6-5　5G 技术在能源电力领域应用分布

资料来源：中国信息通信研究院。

场价值初步显现。

（一）5G 助力智能电网实现无人巡检

无人机、机器人巡检是借助无线网络和人工智能等 ICT 技术实现移动巡检的业务。就电力行业而言，移动巡检主要用于及时了解设备故障情况，消除潜在隐患，保障电力系统安全稳定运行。传统的电力行业中，需要专门配备电力人员定期到现场查勘输变电线路、设备运行情况，但是人工巡检存在两个问题：一是部分施工地点危险性高、巡检难度大，例如，野外高压输电线路需要定期进行物理特性检查，一般两个杆塔之间的线路长度为 200—500 米，巡检范围数千米长；二是人工作业存在巡检周期长、恶劣场景无法开展工作等不确定性。因此，人工巡检逐渐被无人机、机器人巡检代替。当前无人机、巡检机器人设备主要以 Wi-Fi 方式接入，视频信息大多保留在站内本地，未能实时回传至远程监控中心，只能待巡检结束后再由工作人员导出视频进行监控判别，导致工作效率低下。

5G 可以有效解决传统人工巡检难度大、Wi-Fi 接入方式实时性差等难题。5G 技术可助力能源电力行业提高巡检效率，应用方式可参考图 6–6。智能电网通过 5G 网络将无人机、机器人等移动巡检设备采集到的高清图像、视频等数据实时回传至控制中心，控制中心工作人员可远程解决现场作业难题，不仅有效降低作业风险、减少人工成本，还能提高运维效率，助力电力系统数字化、高效化转型。随着 5G 终端及模组逐步成熟，5G 综合承载无人机飞控、图像、视频等信息将成为可能，同时可基于 5G 移动性，使无人

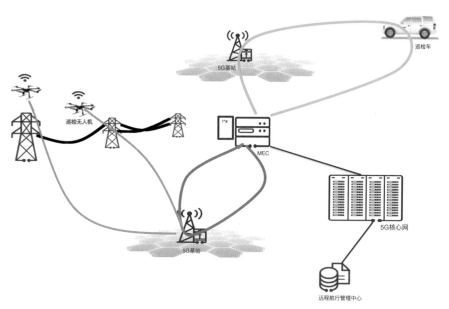

图 6–6　无人机电力巡检示意图

资料来源：中国信息通信研究院《5G 无人机应用白皮书》。

在切换区域间保证业务连续性，极大扩大巡线范围。

案例："5G+ 特高压密集通道"

2019 年 6 月 19 日，国家电网湖州供电公司输电运维人员在浙江省湖州市南浔区菱湖镇的一座青山上操控 5G 无人机，对特高压区"太湖廊道"进行例行巡检。"太湖廊道"全长 110 千米，是西电东送的主要走廊和华东电网东西连接的主要汇集点，该立体化智慧巡检网络体系由无人机、视频监控装置、个人单兵巡视装备组成。基于 5G 网络，无人机拍摄的高清画面通过 5G 网络实时回传至"太湖廊道"三维可视化平台，巡检站内的值班监控员通过平台内的实时回传画面，便可实现对廊道内的输电线路状态进行远程监控。"5G+ 特高压密集通道"是 5G 技术与电网无人巡检业务的完美融合，也是泛在电力物联网建设的一个缩影。

（二）5G 有效推动配电自动化转型

2019 年 6 月 15 日，日本东芝公司 NAND 闪存晶圆厂发生 13 分钟断电事故，生产线停工 5 天，造成经济损失高达 3.8 亿美元；2019 年 12 月 31 日下午，三星电子华城工业园半导体芯片产线发生 1 分钟的突然断电事故，造成数百万元人民币的经济损失。因天气变化、自然灾害、系统异常等各种因素引起的突发供电事故对医院、工厂等重要机构产生的影响是极其严重的。因此，如何在电网系统遭到破坏后，以最快的速度启动分布式电源向医院、工厂、交通枢纽等重要场所提供应急供电，是当前面临的主要问题。分布式电源分布往往较为分散，且电压等级一般低于 35kV，当分布式电源接入配电网后会导致配网侧的电流流向发生变化，这就给配电网的安全稳定运行带来了新的问题。

5G 技术可以有效保障配电网的安全稳定运行。配电环节将电能经变电降压处理后向用户分配，是电力系统中非常重要的环节。配电网承载电力核心业务，对安全隔离、实时性要求较高，分布式电源接入、电流差动保护、精准负荷控制等是配电网典型的业务场景，5G 将有效推动电网配电环节向自动化、柔性化转型。

分布式电源是一种建在用户端的能源供应方式，包括太阳能发电、风力发电等。分布式电源可以在大电网遭到严重破坏时，自行形成紧急供电网络，为电网系统提供可靠性保障。分布式电源调控系统需要实时监测设备状态信息，保障系统稳定运行。分布式电源设备分布零散、数量众多可达百万甚至千万级，传统的有线接入方式存在建设成本高、部署难度大、监测实时性差等诸多问题，难以形成统一的设备管理系统。5G 可实现海量设备的实时监测与精准控制，可为建立跨地域、大规模分布式能源设备的统一管控系统提供稳定的网络保障。5G 与分布式能源调控系统的融合能够极好地适应电力需求分散和资源分布不均衡场景，延缓了输配电网升级换代所需的巨额成本投入，同时与大电网互为备用，提高供电可靠性。

在保障供电端稳定运行的同时，也需要对电力设备进行实时监测和控制。电流差动保护技术是一种电力系统广泛应用的电力设备保护技术。所谓电流差动保护，就是保障设备输入电流与输出电流相位值相当，一旦二者差值超过阈值，则判定设备异常，立即启动保护机制，及时实现配电网故障的定位和隔离并启用备用线路。通常，差动保护设备状态信息借助有线网络传送到监控中心。随着设备部署规模的快速扩张，高成本的有线接入方式不能继续满足日益增长的网络需求。此外，电流差动保护系统具有非常严格的同步及时延要求，各个环网柜的时间同步精度要求不高于 10 微秒，交互信息的传输时延最大不能超过 15 毫秒。5G 网络可以有效保障实现配电网的差动保护控制，快速实现配网故障判断及定位，从而大幅降低电网线路抢修时间，提升电网整体运营的高效性、稳定性和可靠性。

精准负荷控制能够实现更加精细的调控负荷，规避了由于局部故障导致大面积停电的风险。简单来讲，精准负荷控制是将传统的区域型控制转换为区域内单个设备独立控制，从而实现设备的精细化管理。精准负荷控制要求极高的网络可靠性，毫秒级端到端控制时延。原有电力设备通常以有线方式接入网络，若每个设备独立安装光纤，需要极高的网络接入成本。搭载 5G 网络的精准负荷控制系统，控制对象可精准到生产企业内部的可中断负荷，充分满足电网紧急情况下的应急处置需求。

案例：5G 网络助力实现电力系统精准负荷控制

国家电网公司与中国电信、华为合作，在南京完成了基于真实电网环境及 5G 独立组网的电力切片测试，利用 5G 网络的毫秒级低时延能力，结合网络切片的服务等级协议（SLA）保障，提升了在突发电网负荷超载情况下对末端小颗粒度负荷单元的精准管理能力。测试初步验证了核心网切片应用可行性，经实测端到端平均时延为37毫秒，5G 切片可以满足精准负荷控制 50 毫秒的端到端平均时延要求。

（三）5G 为信息采集类业务升级提供支撑

电力系统原有的信息采集业务具有采集频次低、数据量小、连接密度低的特性，近期逐渐呈现出采集频次提升、采集内容多样、交互双向互动发展的趋势。可以预测的是，在不久的将来，智能电网技术将会日趋成熟，如图 6-7 所示，届时信息采集类业务需求量将呈现爆发式增长态势：采集频次将低至每分钟一次；采集形式将趋于高清化、视频化；连接密度上，数十亿的连接将成为可能。为满足信息采集类业务网络需求，电力系统对通信传输带宽、网络覆盖面积、数据传输量等指标提出了极高的指标要求。

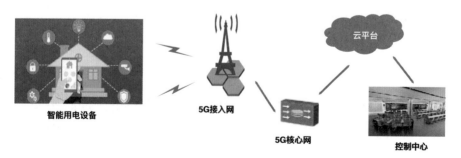

图 6-7　电力系统信息采集类业务应用场景

资料来源：中国移动研究院《5G 典型应用案例集锦》。

　　5G 的大带宽、广覆盖、海量数据传输特性可以为信息采集业务提供稳定高效的通信保障。电动汽车充电、智能电表数据采集、配电监控、输电线路管控等是能源电力行业的典型信息采集类业务，贯穿发电、输电、变电、配电、用电各个环节，为整个电力系统稳定、高效运行提供强有力的数据支撑。

　　电动汽车有序充电系统是一种解决因新能源电动汽车销量的快速增长，而造成充电桩的接入需求过大和配变容量不足等问题的智能充电系统。该系统通过采集配电侧、用户侧、充电桩及电动汽车的负荷信息，在平台侧进行信息数据交互和分层控制，可全面预知配变负荷变化趋势，动态调整充电时间和功率，优化配变负荷运行曲线，削峰填谷，实现电动汽车有序充电。电动汽车有序充电系统一方面可以优化负荷，减少电力设施投入，大大提高配变利用率；另一方面可为用户提供更优质、更便捷的充电服务。

　　智能电表是一种基础的高级计量设备，位于智能电网的终端模块。除了具备传统电表用电量的实时采集功能以外，智能电表还具备检测电表运行状态、双向多种费率计量、用户端控制、防窃电等功能，它以更加智能高效的服务方式，满足客户用电提醒、节能分析、能效诊断等多元化智能用电服务需求，为客户带来更优质、智慧的管家式服务，提升用户体验。

案例：“5G+ 智慧路灯充电桩”投入运营

　　2020 年 3 月，“5G+ 智慧路灯充电桩”在浙江省舟山市投入运营。该充电桩由国网舟山供电公司启明集团与 5G 运营商共同打造，集照明、5G 通信、新能源汽车充电、视频录制、信息交互等功能于一体。灯杆上挂载 5G 微基站，可覆盖周围 100—200 米范围，提供 600Mbit/s 以上的传输速率；同时，灯杆内部装有感应设备及摄像头，能够实时采集充电汽车车牌信息。此外，该充电桩还能采集周边空气质量、风速、温度等信息，并实现广播广告、双向通话等功能，大大提高了资源共享、集约与统筹水平。

三、5G 使我们随时随地享受金融服务

早从 3G 时代开始，移动通信技术就已经在金融业的转型与发展过程中发挥着重要推动作用，现阶段金融业的数字化转型正在持续推进，5G 作为当前信息基础设施的核心引领技术，依然在金融领域持续发力。然而，金融行业与 5G 的融合发展程度还处于初级阶段，尽管目前在智慧银行、金融理赔等方面已有一定探索，但是距离真正成熟和大范围商用还需时日。

数字化转型过程中，金融业的经营模式和运行效率与移动通信网络的迭代升级密切相关。目前来看，5G 对金融领域的影响主要体现在两方面：一是位于金融机构前台①的客户服务持续优化，服务的可得性与满意度日益提升，主要体现在前台服务体验的优化、业务产品形态与服务模式的创新，典型内容包括网络感知、产品形

---

① 前台相关部门直接面对客户，主要负责业务拓展，该部门将为客户提供一站式、全方位的服务。

态、服务界面感知等；二是位于金融机构中台①、后台②服务的集中化、智能化趋势明显，重点在于提升效率并降低风险发生率，如中台环节需要增强对风险的预警、识别与防治，需要利用新技术提升分析决策的效率，快速支撑前台产品与服务优化，典型内容有风险管理、渠道管理、战略规划等。

在 5G 与金融融合应用层面，除了主流银行相继推出 5G 智慧网点之外，多数应用场景还处于设想、研究、规划与试用阶段。近期来看，5G 在银行、证券、保险等不同领域叠加赋能，有利于提升金融服务体验，5G 的低时延特性可以推动实现无时延支付服务，与高清视频、VR/AR、全息投影等新业态结合可提供远程金融服务，打破空间限制，缩小网点盲区；5G 的大连接与广覆盖特性，一定程度上可替代有线网络，降低铺设成本，网络切片、边缘计算等技术可为金融服务终端提供专属安全服务。远期来看，5G 与金融融合将会创造新产品、新模式、新业态，如虚拟银行、远程查勘等，未来 5G 结合数字化资产管理与其他行业深度融合的金融服务等将渗透到每个生活生产场景中。

（一）建立千人千面客户服务，全面提升用户满意度

传统金融服务更多地依赖营业部咨询和现场拜访等方式，在保

---

① 中台相关部门负责制定各项业务发展政策和策略，通常基于对宏观市场环境和内部资源情况的分析，为前台提供专业性的管理和指导并进行风险控制。

② 后台相关部门主要推进业务和交易的处理和支持，与获取利润的关联更弱一些。

障高质量服务的同时却造成较高的投入成本和较低的沟通频次。现行沟通频次较高的方式是电话和即时通信，但受限于展现方式和屏幕大小，沟通质量较受限制。

基于 5G 移动通信的 VR/AR、全息影像技术，则可能成为同时提高沟通质量和沟通频次、降低沟通成本的最有效工具。在特定的金融服务场景中，基于 5G 与 VR/AR、全息投影、人工智能、大数据等信息技术的叠加应用，金融服务全过程的客户体验满意度将大大提升。如在 VR/AR 沉浸式金融服务场景中，面向金融行业服务人员提供随身助理服务，以 AR 眼镜等智能设备为载体，实时识别客户并获取客户画像等数据信息，进而辅助服务人员为客户提供更加个性化的金融服务，提升服务人员的服务效率和服务水平。

同时，由于 5G 网络特有的万物互联及高速率的特点，未来金融行业在数据量的采集上将呈现爆发式增长，技术人员可以通过海量的数据对企业和个人的自然属性、经济行为进行分析，并形成维度更广、精确度更高的用户画像，为用户提供更具有针对性的金融营销方案。在全息沉浸式金融服务中，依托 5G 网络，通过全息投影、实时录屏抠像、图像合成等技术打造的 5G 金融顾问，可为客户提供场景化、沉浸式、定制化的金融服务。5G 金融顾问感知到客户选择服务时，会通过后台获取客户信息，并为客户匹配服务专员，通过 5G 网络实时将服务专员的全息影像投放在全息屏幕上，使服务专员可以为客户提供一对一的业务服务。

因此，5G 时代的金融科技不仅是服务效率、服务便利性的提高，通过将 5G 与 VR/AR、全息投影、人工智能、大数据等新兴技术结合，可以重塑用户服务，开启金融服务多元化入口，实现定制化、个性化、差异化的服务模式，提升客户满意度。

案例：中国银行推出首家"5G+"智慧网点

2019年5月31日，中国银行"5G智能＋生活馆"在北京正式开业，作为银行中首家深度融合5G元素和生活场景的智能网点，该网点实现了5G信号全覆盖，引入了大数据、人工智能、VR/AR、影像识别、生物识别、语义分析、流程自动化等前沿科技，实现办理金融业务的无人化和智能化，无需工作人员协助，客户可通过"刷脸"等方式办理各项业务，不用携带身份证和银行卡。客户走进生活馆门口，科技感扑面而来，7个区域呈现眼前，分别是结缘奥运、数字管家、智能服务、城市名片、跨境金融、尊享服务、邂逅生活。如果想选购贵金属产品，结缘奥运区展出了冬奥金条、富贵花开手环及中银积存金3款产品，用户通过运用AR技术的体验机，进行贵金属虚拟佩戴，并通过手机银行扫码购买。在尊享服务区，客户通过人脸识别进入这片区域，坐在智能茶几前，通过连线全球业务专家，获取资产配置建议，视频连线过程中没有任何卡顿，成像质量也很好，专家好像就在面前一样。最让用户感到炫酷的区域，当属"金融中心岛"，通过流媒体方式展示特色产品，轻轻点击"岛"上闪烁着的各类业务图标，大屏幕就播放对应主题的宣传视频，用户如果对某项业务感兴趣，可通过手机扫码办理相应业务。

（二）打破时空界限，创新金融服务业态

查勘理赔环节是保险保障功能的主要体现，传统形式的查勘理赔会占用大量人力物力，受到时间、空间、人员能力等的限制，效率低下且客户满意度往往不高。

随着科技的发展，保险公司开始将高清视频、图像识别、无人机技术等应用到查勘理赔环节中。随着 5G 的应用，高清视频、无人机等参与的保险查勘理赔场景会显著增加，5G 可以进一步放大新兴技术在保险业查勘定损中的能力。在 5G 辅助下，无人机技术可推动实现大规模组网运营，实现长距离的现实应用，结合高清视频和图像识别技术，可以在保险理赔方面发挥快速现场取证、自动定损，并提供远程保险服务。结合目前部分保险公司建立的各类图像识别技术下的智能定损平台，对于高价值标的等可以实现更准确快速的定损理赔服务，例如，对于天津港爆炸、核电事故等场景，5G 网络环境下的远程查勘是最好的定损理赔手段。

案例：众安保险推"马上赔"视频理赔，
5G 赋能车险创新

2019 年 10 月，众安保险推出探索科技赋能车险服务的互联网创新产品"马上赔"视频理赔，车主遇险后可进入"马上赔"实时视频连线客服，通过在 5G 环境下融合视讯技术，配合丢帧补时和直播技术等，远程完成从

报案、查勘、定损、交单、理算到核赔、结案的整个传统车险理赔流程，获得快速的智能定损及理赔打款服务。"马上赔"之所以能够实现视频定损，一方面是通过 5G 高清图像传输和光学字符识别（Optical Character Recognition, OCR）技术帮助互联网车险自动识别车主上传的图片或视频信息；另一方面是众安保险对接了公安征信系统，可快速准确识别车主和车辆真实信息。

5G 通过赋能金融服务创新能力，助力经济高质量发展，5G 将为科技赋能金融带来乘数效应，提升金融业利用信息技术的能力和水平，推动金融产品创新、经营模式优化等，从而打造经济新动能，提升金融服务实体经济的能力，最终实现金融创新和资本市场赋能实体经济。

四、5G 助力农民解放双手

农业作为第一产业，包括种植业、林业、畜牧业、渔业、副业五种产业形式，是我国的国民经济基础，在国民经济发展中占有极其重要的地位，是安天下、稳民心的战略性产业。自古以来，我国以"小而全""小而散"的小农户家庭经营作为传统农业经营体系中的主体。"靠天吃饭"，其实是对传统农业生产的真实写照。同时，从另一个侧面也反映出，农业生产对环境气候的依赖。由于天气和气候环境的变化不定，传统作物种植和水产养殖方式容易受到影响从而造成减产或灾难性损失。历年中央一号文件多次提及智慧农业，2020 年中央一号文件《中共中央 国务院关于抓好"三农"领域重点工作确保如期实现全面小康的意见》发布，再次涉及智慧农业，坚持农业农村优先发展。随着 5G 时代的到来，传统农渔业将迎来前所未有的改变。

我国的 5G 网络建设依然处于初级阶段，建成覆盖全国的 5G 网络还需要数年时间，初期偏远地区 5G 网络覆盖较少。因此，人们在短期内主要利用 5G 技术的大带宽、低时延特性助力农业生产，应用场景将主要集中在一些经济价值较高的农作物或水产养殖业，尤其是利用高清视频监测、农业无人机 / 船等提升农业生产效率。从长期来看，随着运营商 5G 网络建设不断扩大，农渔业场景将得到更好的覆盖，届时，依托 5G 网络和传感器技术，农业种植、水产养殖人员将可以借助传感器收集环境、作物、生物数据，使得农业生产能够更加便捷与智能，达到准确控制的目的。

（一）5G 大带宽实现农渔生产精准化

传统农渔业生产模式需要人们时刻关注农田、养殖区域的情况，凭借经验施肥灌溉、投喂饲料。以温室种植为例，据资料记载，我国早在 2000 多年前就利用保护设施（温室雏形）栽培各种时令蔬菜，是温室栽培起源最早的国家。传统的温室大棚需要农业生产者实时、实地观测室内环境条件，及时控制温室内的各种设施，不仅耗费人力，也无法达到及时准确控制的目的。

为保证农渔业产物的正常生长，科学有效的管理方式是现代农渔业必不可少的。如今，有了具备大带宽特性的 5G 技术，人们利用布置在农田、温室和水下的高清摄像头和传感器，通过

5G 网络大带宽进行数据传输，不用到现场即可远程实时查看农田、水塘等多个点位的监控信息，同步监控作物和水产品的生长状况。

在温室种植上，依托 5G 网络和部署在温室内的高清摄像机、传感器和控制器，人们可以实时监控作物生长情况和周围的环境条件，确保了植物能够具有适宜的生长环境。基于 5G 的智慧农业植保方案如图 6–8 所示，实现智能控制的关键在于用高清摄像机采集作物生长的照片和视频，用传感器监测温室内的土壤湿度、土壤营养成分、二氧化碳浓度、空气湿度以及天气等数据信息，然后利用 5G 网络将这些视频数据和监测信息实时回传至数据中心进行数据分析，根据数据进行分析判断，自动打开大棚内的窗户、风扇、灌溉设备，提高或降低温度，或自动分配肥料等，还能够对农作物的生长情况进行实时跟踪、病虫害监测，对农作物的产量进行预测，为农业经营人员提供生产、管理方案，提高农业生产经营效率。通过农业生产高度规模化、集约化、工厂化降低生产成本，解决劳动力短缺问题，同时保证农产品的质量。

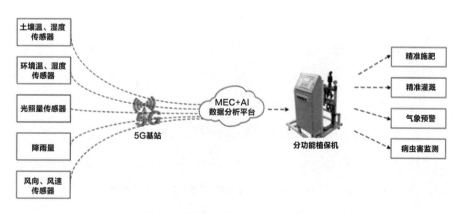

图 6–8　基于 5G 的智慧农业植保方案

我国传统的水产养殖正朝着标准化、规模化的方向发展。现代化智慧渔业的诞生，使得水产养殖业具备机械化、自动化和防灾减灾能力。在水产养殖中，各种环境指标直接关系着鱼虾的生存概率。随着 5G 时代的到来，水产养殖人员可以借助部署在水下的高清摄像机，实时采集水产品的生长情况画面，再利用 5G 技术将画面实时传输到平台系统中，即可对养殖环境进行针对性的调节，从而保持良好的水产养殖环境、提高产量。

在智能农业监控中引入 5G 技术，既能保证数据的实时传输，又摆脱了线缆的束缚。大量计算机视觉、机器学习技术与设备、设施融入农业，农业自动化、智能化水平取得突破性进步，使得农业生产能够更加便捷与智能，得到最大的回报和产出。

案例 1：5G 海洋牧场

5G 海洋牧场已经在山东省荣成爱伦湾国家级海洋牧场建成，部署了"5G+全景监控"应用。5G 海洋牧场的工作人员介绍道："过去想要了解水产品的生长情况最好的办法就是下海潜水，肉眼观测。现在，有了 5G 水下摄像系统，我们通过手机在办公室或者在家中就可以观察水产品生长情况。"根据牧场养殖水域水下的实际情况，观测距离最远可达 10 米。现场监控实时回传的画面流畅稳定、色彩艳丽，鱼鳃一开一合、鱼鳞泛起的银光都清晰可见，观看远在千里的水下世界就如同站在自家水族箱前一般真切。

未来，该海洋牧场可能不仅仅是渔业生产的基地，更将成为海洋旅游的新景点。通过 5G 高清摄像装备对海洋牧场景区风光进行全景拍摄，捕捉海洋牧场周边的美丽风景，人们不必再辛劳奔波远赴海上，只需在家戴上 VR 眼镜，借助 VR 设备，即可实现"东临碣石，以观沧海"的闲适惬意。

案例 2："5G+ 无人农机"作业系统

"面朝黄土背朝天"曾是中国农民辛勤劳作的真实写照。当今中国农业已然从传统农耕文明向现代工业文明转型，面对城镇化进程加速、农村劳动力大量转移进城、务农农民高龄化等新型问题，农业机械化智能化的全线推进，"机器换人"的大面积推广，逐步将农民从束缚了上千年的土地上解放出来。

国内某农垦局面临着农机装备未联网监管、农机作

图 6-9　基础 5G 网络建设

资料来源：中国移动。

业较多依赖人力、自动化作业效率低等问题，因此积极开展了"5G+ 无人农机"作业项目探索实践。

该项目利用地理空间信息系统、室内外高精度定位技术和人工智能学习算法，完成农机无人驾驶、路径跟踪与运动控制。

该项目构建的"5G+ 无人农机"作业系统部署在云平台之上，并与智能农机装备对接，实现了农机从机库、机耕道到作业地块的全过程无人作业，覆盖水稻种植耕、种、管、收全部生产环节；实现地块、农事、农机信息一体化资源管理；平均每台农机降低 1 人 / 次作业人力成本，实现降本增效；通过夜间无人作业，平均延长 1 倍农机作业时间，全力为农忙保驾护航。

（二）5G 低时延助力农渔管理智能化

我国作为农业大国，拥有 18 亿亩基本农田。而传统农业普遍采用手动施药和背负式施药方式喷洒农药，需要农民携带喷洒设备在田间作业，每年投入大量人力在农林植保工作中。随着农村土地流转和集约化管理的推进，农村劳动力日益短缺，统防统治和专业化防治日渐普及。植保无人机灵活轻便，环境适应性强，不受作物长势和作业田块条件的限制，在应对小区域种植作物的病虫害防治中有着巨大优势，是我国土地经营模式下的必然选择。

将无人机应用于农业领域将会为农业数字化、智能化提供强有力支撑。图 6–10 所示为"5G+ 无人农机"解决方案。我国在 20世纪 50 年代后期开始了对无人机的研发工作，最初无人机主要针

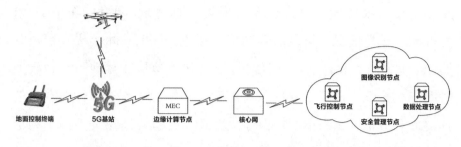

图 6-10　基于"5G+ 农业无人机"的农业监控传输方案

对军事领域应用进行研发。1951 年 5 月 22 日，在广州市上空，一架 C-46 型飞机连续 2 天执行了 41 架次的灭蚊蝇任务，掀开了中国农用航空发展的篇章。虽然我国对农业领域无人机/船的研究开展较晚，但是，随着对农业领域无人机/船的关注度和研发投入的提升，其研发进展逐步加快，其中小型农用植保无人机的进展最为迅速。随着农业发展和经营模式的变化，传统的手工作业方式逐渐转向机械化种植。因此，人们对于农业无人机/船的需求逐步增多。我国的小型农用无人机正逐渐推广应用于农林植保喷药、风力授粉、农田遥感、渔业养殖等方面。不过传统无人机主要靠人工控制，无法联网实现远程操控，现场画面及相关数据也无法远程回传进行实时数据分析。

相比世界其他国家，我国的农用航空作业水平较低。有了 5G 网络的助力，农民可以运用无人机技术实现药物的精准喷洒。低空无人机近距离接近农作物采集超高清视频，通过 5G 网络实时回传至数据中心，运用人工智能图像识别技术，根据设定的喷洒量与无人机的速度实时计算理论喷洒量，再通过电控阀组精准控制流量，达到精准喷洒的效果。

在渔业养殖领域，运用水上无人船走航式连续监测，对渔业养殖场水质、水环境信息进行实时采集，通过 5G 网络传输至平台，若检测到异常情况，可及时通知养殖场主。同时，水上无人船搭载的 4K 高清镜头配合前置补光灯可以将水下鱼群或其他水产视频实时回传至养殖人员从而获取水产养殖真实情况，提升了渔业养殖的直观性和效能。5G 网络大带宽以及低时延的特性完美支撑了高清画面拍摄实时回传、后端图像识别以及无人船实时控制，从而为该业务提供网络能力保障。与传统的固定式传感器相比，水上无人船在极端天气中可以更灵活地使用。

针对农业领域对无人机 / 船的使用需求，许多企业和科研单位也已开展了相关的研究和生产工作。无人机 / 船在智慧农渔建设与农渔智能化发展进程中的价值日益凸显，正逐渐掀起一股新的农渔智能机具应用的热潮。

案例："5G 田"

"锄禾日当午，汗滴禾下土"，运用传统方式进行田间劳作可以说是一件非常辛苦的事情，每天风吹日晒，并且只能凭借经验灌溉、施肥，无法保证精准种植。随着 5G 技术的发展，浙江省瑞安市曹村镇的居民们已经借助农业无人机，摆脱了凭个人经验、看天种田的传统农耕方式，在中国电信股份有限公司温州分公司和艾米集团合作开辟的 120 亩 "5G 田"中实现了自动巡田。"5G 田"的一大特点是不需要使用化学农药、化学肥料和除草剂。需要除虫时，农民们只需使用无人机，通过人为或自动规划路线，向稻田中喷洒生物制剂，喷洒 1 亩地的作业时间只需约 5 分钟。在这个过程中，农民们可以通过图 6-11 所示的大屏，实时监测农用无人机的作业情况。这既大大提升了农耕作业的效率，又保证了作业的科学性。

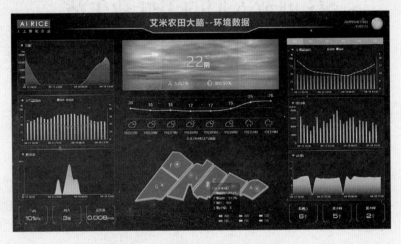

图 6-11　农用无人机助力智能化管理

资料来源：5G 应用仓库，见 https://www.appstore5g.cn/。

　　5G 时代的到来将为农业领域带来三方面的改变。首先是效率更高。智慧农业硬件的运用使得农产品的生产、销售全流程更加便捷、畅通，也使得农业管理者的工作更加高效。其次是成本更低。基于 5G 的农业无人机 / 船、智能植保农机具的使用改变了传统农业的生产模式，节约了人力成本。最后是效益更好。5G 改变了农业的生产、经营模式，智能化的决策系统能够显著降低种植、管理、收获、销售环节的成本，让农业从业者成为 5G 技术的获益者。

第七章

5G 创造人们的美好新生活

移动通信的迅猛发展，不断改变着人们的衣食住行娱乐方式，给生活带来了翻天覆地的变化。4G 通过高质量的视频传输和高速率的移动互联网业务，极大地方便了人们的生活，那么 5G 在个人生活中又会有哪些应用前景？给生活形态将带来哪些变化呢？本章将从文体娱乐、医疗健康、教育培训、交通出行等角度，介绍 5G 带来的全新应用，一起探寻 5G 将如何改变生活。

对于普通用户而言，通过 4G 网络可以享受到丰富多彩的移动互联网业务，如手机导航、移动支付等应用，极大地方便了人们的生活工作。但受限于 4G 的速率和时延：一方面，无法满足超高清视频（4K/8K）、VR/AR 等业务对带宽的需求；另一方面，随着 4G 用户迅速增多及视频类业务的快速发展，部分地区也存在网速下降、画面卡顿的情况。

相比 4G，5G 凭借其带宽、时延等技术优势，将促进新一轮移动互联网业务和物联网业务的创新发展。一方面，5G 将促进人类交互方式再次升级，为用户提供超高清视频（4K/8K）、VR/AR、浸入式游戏等更加极致的业务体验；另一方面，5G 将深刻改变生活方式，在以增强观众沉浸式体验为需求的文化体育界、以远程医疗诊断为初期探索的医疗界、以在线互动课堂为引领的教育界，以及以无人驾驶为目标的智慧交通界等民众智慧生活方面都将孕育出新兴信息产品和服务，为人们日常生活带来极大的便利和更多的惊喜。

一、5G 带你步入身临其境的全新虚拟世界

随着 5G 时代的到来，以大带宽和低时延为特点的大视频业务第一批落地应用。泛娱乐时代，以 VR、超高清视频为代表的极致生动、极致清晰的大视频业务正逐渐成为大众普遍的需求。从文本、声音、图片到视频，人类历史发展过程中的媒介技术革新都是为了内容更加快速、广泛且有效的表达与传播。通信技术的发展带动泛娱乐行业体验进一步提升，视频类业务成为主流媒体形式，围

绕着图像分辨率、视场角、交互性三条主线提升用户体验。5G 网络加速了包括 VR 等丰富形态的视频内容生产与传播门槛进一步降低，催化视频类媒体图像分辨率由高清发展到 4K、8K，赋能媒体行业实时高清渲染并大幅降低设备对本地计算需求，视场角也由单一平面视角发展至 VR 的自由视角，并通过 5G 网络低时延的特性提升了交互式体验。目前，5G 超高清视频及 VR 业务正处于从部分试点至大规模应用的爆发期，我国中央和地方政府、企业与产业联盟也将"5G+ 大视频"作为重点战略布局方向，北京提出 2022 年冬季奥运会实现全程 8K 转播，广东省将超高清视频作为省长"一号工程"，青岛则即将开展 5G 新基建云 VR 融合创新示范区建设。

（一）超高清视频成为 5G 初期最先落地的重要应用

1958 年，我国第一台黑白电视机"北京"在天津诞生，半年后第一家电视台——中央电视台的前身北京电视台正式开播，遗憾的是只限于黑白节目，且每周播放时长仅 8—12 个小时。从 19 世纪 60 年代开始，黑白电视机开始逐渐普及，但直到 1970 年后我国才迎来彩色电视的新时代。相信对于不少"70 后""80 后"而言，全家人围坐在电视机前看节目聊天是童年难以忘却的回忆，其中往往还夹杂着由于天线传输信号不佳而导致的"雪花""彩虹"，拍电视、修天线也是这段回忆中不可避免的注脚。而 2019 年，4K/8K 电视已占到全球 2 亿多台电视出货量中 60% 以上的比重，超高清视频的时代已经来临。

超高清视频行业的发展与通信技术的发展密切相关，每一次通信技术的革新都会带来新的媒体形式。我国视频技术经历了由模拟向数字标清、数字高清的演进，正在向超高清（4K/8K）跨越式发展，为消费升级、行业创新、社会治理提供发展动能，也对网络传输技术提出了更高的要求。超高清视频带来了多个技术指标的提升，分辨率要达到 4K 甚至 8K，帧率往往在 50 帧 / 秒以上，图像采样比特提升到 10 比特，同时图像增加 HDR（高动态范围成像）标准，要想完成无卡顿的直播对网络环境的要求较高，5G 商用成为超高清视频直播的重要推手。在 4G 通信时期，超高清视频、VR 全景视频等大数据量视频是以硬件存储本地播放的形式存在，传播不便捷，用户数量较少，难以形成大规模产业。超高清视频应用正成为现阶段运营商及 5G 商用相关方探索的最大亮点，有望成为 5G 前期部署的主要应用场景和业务拉动的重要驱动力。近年来围绕奥运、春晚等重大活动的 4K/8K 直播及 "5G+ 视频" 的创新应用计划也加速推进了超高清视频产业技术升级，如图 7–1 所示。

图 7–1　近年来全球应用超高清直播的重大活动

　　5G 解决了超高清视频、VR 全景视频等大带宽业务传播的技术问题，助推了行业的发展。5G 将全方位赋能超高清视频采集回传、视频素材云端制作以及超高清视频节目播出三个环节。

　　1. 在采集回传环节，4K/8K 摄像机通过编码推流设备，将原始视频流转换成基于国际互联网协议（Internet Protocol, IP）的数据流，通过 5G CPE 或集成 5G 模组的编码推流设备将视频数据转发给 5G 基站。在大型活动举行期间，5G 网络可以较好地承载数以万计的连接需求和大量的高清摄像头或者终端录屏的视频传输需求。基于 5G 模组的编码推流设备和摄像机背包设备可以为各种视频设备提供稳定的实时传输，同时相比传统的线缆传输更加灵活，不受空间的限制，能满足更灵活的超高清视频回传需求。

2. 在视频素材云端制作环节，5G 助力超高清视频素材采集回传并上传到云端，通过云化部署相应的视频制作软件，在桌面应用、网页版应用等工具上对视频素材进行云端的制作，然后再通过 5G 网络进行内容分发，实现基于 5G 网络的超高清视频制作。基于 5G 的超高清视频云端制作可以充分利用 5G 的大带宽、低时延特性及云端服务器海量的计算能力与存储资源，使得超高清视频制作突破端侧硬件限制，在云端完成内容管理、剪辑包装、渲染制作等全面功能，为超高清内容制作方降低了基础生产设备的成本投入，优化了产业生态体系。

3. 在超高清视频节目播出环节，5G 基站通过核心网，把视频数据传送到视频播放、存储及分发端，并通过多种方式发给视频智能显示终端，包括传统的大屏电视、投影仪以及智能手机与 VR 头显。5G 免除了传统线缆传输对显示终端的束缚，用户得以随时随地灵活享受超高清视频呈现，而无须被限制在固定场所。

随着 5G 网络的发展，5G 技术下的 4K/8K 视频正成为未来的广播电视、大型赛事、演唱会等文娱领域的视频直播标准，已产生部分标杆型案例。

案例 1 ："5G+ 超高清"新冠肺炎疫情一线云直播

　　新冠肺炎疫情突袭，疫情的发展牵动着每一个人的心，为提升群众疫情防控参与度，中国联通网络技术研究院 $5G^n$live 直播平台第一时间联合携手新华社、央视网搭建开通了雷神山、火神山两座医院的建设现场直播通道，建立了平台 8 路流的 24 小时实时监控以及 24 小时人工监控及运维机制，向观众实时传播物资保障、医疗救援一线情况。此后又陆续开通了郑州第一人民医院传染病医院、黄冈大别山区域医疗医院和北京新发地等多个场景直播通道，并通过 $5G^n$live 平台、沃视频、虎牙、斗鱼、快手等渠道播出，全网浏览量迅速超过 1 亿人次，为全国人民提供了良好的了解实时动态窗口。中国电信也联合央视在雷神山医院搭建现场推出《疫情二十四小时》4K 高清、360 度 VR 直播，用户在直播页面通过手指触控直播窗口或转动手机便能全景观看施工现场，如图 7-2 所示。

图 7-2　"战"疫情 5G 超高清云直播

资料来源：中国联通。

案例 2："5G+ 超高清"赛事直播

赛事直播方面，中国移动北京分公司与咪咕公司联手在 2019 年 1 月通过 5G 网络环境下用 4K 全程直播 CBA 常规赛第 32 轮北京首钢对浙江广厦，进行了 CBA 首场"5G+4K"体育赛事直播。本场直播包括 4K 拍摄、4K 编转码、全程 5G 网络传输等"5G+4K"直播端到端的全过程，确保高质量 4K 画面的播出，保持在 50 帧／秒的高帧率，并借助高动态范围成像（HDR）技术拓宽色域，让画面色彩更饱满、更鲜明、更接近裸眼观看效果，赛场上运动员的动作细节纤毫毕现，观众们也得以零距离感受到赛场的激烈比拼。通过 5G 网络切片技术，将所需的网络资源灵活动态地在全网中面向不同的需求进行分配及能力释放，并进一步动态优化网络连接，保证赛事直播的带宽需求及网络质量，如图 7-3 所示。

图 7-3 CBA 比赛"5G+4K"制作中心

资料来源：中国移动。

（二）5G 云 VR 将助力娱乐业务实现沉浸式体验

2018 年，史蒂文·斯皮尔伯格（Steven Allan Spielberg）指导的科幻电影《头号玩家》大胆畅想了未来的奇幻虚拟世界，电影讲述了在社会濒于崩溃的 2045 年，游戏鬼才哈利迪所创造的将幻境与真实世界深度结合的游戏"绿洲"，地球上大多数人为了逃避现实生活的压力而沉溺在 VR 技术构建起来的虚拟世界中。影片上映后备受好评，当年度累计票房突破 5 亿美元，也成为史上最卖座的 VR"宣传片"。当前，VR 正从热点概念步入寻常百姓家，越来越多的人也得以亲身体验 VR 效果，如图 7-4 所示。

图 7-4　正在体验 VR 头显的参观者

资料来源：新华社。

影片中刻画的 VR 技术由来已久，钱学森院士称其为"灵境技术"，指采用以计算机技术为核心的现代信息技术生成逼真的视、听、触觉一体化的一定范围的虚拟环境，用户可以借助必要的装备以自然的方式与虚拟环境中的物体进行交互作用、相互影响，从而获得身临其境的感受和体验。1968 年，"计算机图形学之父"、著名计算机科学家伊文·苏瑟兰（Ivan Sutherland）设计了第一款头戴式显示器，标志着 VR 头显设备与定位追踪系统的诞生。不过由于当时硬件技术限制，该显示设备异常沉重，无法灵活穿戴使用，并不具备实用性。近 10 多年来，随着高清显示器和智能手机等消费电子产品兴起，深度传感器套件、运动控制器和更自然的人机交互技术得到了长足发展，这使得实现轻量级高实用性 VR 设备成为可能。比如在触觉领域，苹果公司 2015 年在 iPhone 和 iPad 上推出了线性马达（Taptic Engine），用户可通过智能终端屏幕获取立体、细致的触觉反馈，类似的创新技术也已被用于 VR 的触觉手套上。

近年来，VR 被视为新一代人机交互平台，HTC、脸书、谷歌、华为等国内外各 ICT 科技巨头纷纷推出了各自的 VR 产品，诸多创业公司也纷纷投入这一波浪潮当中。根据中国信息通信研究院与虚拟现实产业推进会（Virtual Reality Promotion Committee, VRPC）的体验分级，VR 发展可划分为初级沉浸、部分沉浸、深度沉浸与完全沉浸，由近眼显示、内容制作、网络传输、渲染处理、感知交互等技术指标所界定，不同发展阶段对应相应体验层次[①]，目前业界

---

① 中国信息通信研究院：《虚拟（增强）现实白皮书（2018 年）》，2019 年 1 月。

正处于部分沉浸阶段，代表性产品包括 Oculus Quest、Pico Neo2
等一体式头显与 HTC Vive Pro Eye 等主机式头显（需外接计算机），
功能参数为单眼分辨在 1.5K—2K、视场角 100—120 度、4K/90
帧每秒渲染处理能力、配备由内向外的追踪定位系统①等。从2017
年 VR 第一波投资热度高峰至今，虽然硬件终端有较大的进步，但
多数 VR 应用示范目前仍停留在"看上去很美"的状况，即内容雷
同程度较高，用户体验以单机版为主，较高的终端成本与有限的
优质内容影响了用户的买单意愿，人们不禁要问：普及 VR，路在
何方？

　　5G 将成为推动 VR 规模应用的第一块多米诺骨牌，加速
VR"成为现实"。5G 有助于提升 VR 用户沉浸体验层次，增加临场
感并减少眩晕感，降低优质内容的获取难度和终端成本，进而实
现产业级、网联式、规模化、差异化的应用普及之路。具体而言，
5G 对 VR 的支撑推动作用主要体现在如下几个方面。

　　5G 支持更具沉浸感的 VR 用户体验。业界对 VR 的界定从终
端设备向串联端、管、云的沉浸体验演变，5G 推动了 VR 内容上
云与渲染上云。在画面质量方面，根据 VR 的分辨率、视场角、色
深、刷新率等主要指标估算，部分沉浸阶段的带宽需求达百兆，而
4G 速率难以满足，5G 速率是 4G 速率的 10 倍以上，能够支持百兆
甚至吉比特传输。在交互响应方面，VR 与传统超高清视频的主要
区别在于用户转头时，VR 终端所呈现的画面随之变化，如果用户
从头动到显示出相应画面的时延在 20 毫秒以上将导致用户产生眩

<hr>

　　①　由内向外（Inside-out）追踪系统不需要外部传感器，只需借助 VR 头显
上的摄像头与惯性传感器（IMU），通过定位与地图构建（SLAM）算法等复杂
的计算机视觉算法来获取自身的精确位置，目前已成为高端一体机的主流配置。

晕感。如果仅依靠终端的本地处理，将导致终端复杂、价格昂贵。相比之下，若将视觉计算放在云端，能够显著降低终端复杂度，但需要考虑额外引入的网络传输时延。目前 4G 无线传输时延在几十毫秒，难以满足要求，5G 无线传输时延可低至 1 毫秒，能够满足 VR 业务交互响应的时延要求。

5G 降低 VR 终端的使用门槛。用户体验与终端成本的平衡是现阶段影响 VR 产业发展的关键问题。当前以 HTC Vive[①] 头显等为代表的高品质主机式 VR 游戏设备产品，基于本地处理，其配置套装价格高达数千乃至万元，制约了 VR 的普及。5G 云化 VR 通过将 VR 应用所需的内容处理与计算能力置于云端，可大幅降低终端购置成本与配置使用的繁复程度，保障 VR 业务的流畅性、沉浸感、无绳化，有望加速推动 VR 规模化应用。

5G 优化 VR 内容生产环境。内容匮乏是 VR 产业发展初期的主要问题，如何尽快缩短这一"有车没油"的发展阶段成为当前要务。在终端本地处理情况下，VR 内容需要不断适配各类不同规格的硬件设备，而在 5G 云 VR 的架构下，VR 内容处理与计算能力驻留在云端，更易于便捷适配各类差异化的 VR 硬件设备。同时，针对高昂的 VR 内容制作成本，5G 云 VR 有助于实施更严格的内容版权保护措施，遏制内容盗版，保护 VR 产业的可持续发展。

我国以云化 VR 为抓手，积极探索 5G 时代发展新机遇。随着 5G 时代到来，我国电信运营商积极开发提升用户体验的新型业务

---

①   HTC Vive 是由 HTC 与 Valve 联合开发的一款 VR 头显（虚拟现实头戴式显示器）产品，于 2015 年 3 月在 MWC2015 上发布。

应用,"5G+VR"是主要切入点。中国移动 2017 年开展了基于边缘计算和蜂窝网络的云 VR 系统研发,中国移动福建公司在 2018 年开启云 VR 业务"和·云 VR"的试商用,大众可体验巨幕影院、VR 现场、VR 教育、VR 游戏等特色应用。中国联通将 VR 作为"5G+视频"战略核心之一,在 2019 年推出了 VR 制播产品服务,为全国两会、江西春晚等一系列重要活动赛事提供 VR 直播,并正式发布了中国联通 Cloud VR 融合平台,在山东成立了中国联通"5G+VR"基地。中国电信立足电信 1.5 亿宽带用户基础,力争在未来 5 年将云 VR 打造成智慧家庭下一个千万级业务,在 2019 年上半年以广东为试点区域推动云 VR 业务落地应用,并逐步在全国主要城市、省会等一、二线城市全面加载 VR 业务。

"5G+VR"应用加速向生产与生活领域渗透,特别是在文娱领域涌现出一批新应用与新业态。

案例 1:"5G+VR"现代舞剧直播

2019 年 4 月,著名舞蹈艺术家杨丽萍编导创作的现代舞剧《春之祭》完成"5G+8K+VR"高清直播,让杭州、宁波、温州、嘉兴等第二现场的观众也大饱眼福,达到在第一现场的体验。技术架构上,在大剧院正对舞台中心的最佳观影位置以及舞台左右两侧放置了多台全景 8K 相机,其 6 个镜头可以采集完整演出现场内容,再通过 5G 网络传输到配套的拼接缝合软件中进行实时的拼接和推流,最终输出到第二现场的 VR 一体机中。对于文娱表演，"5G+VR"技术扩展了观众的观赏空间，实现了与舞台零距离、360度全景、舞美细节尽收眼底的沉浸式体验。

案例2："5G+VR"马拉松直播

2019年3月，重庆国际马拉松开展了广域赛事级VR直播，由中国联通网络技术研究院、重庆联通联合重庆马拉松赛事组委会、重庆卫视等多方合作完成，实现了全程45千米赛道的5G高速网络覆盖，保证VR直播画面高速稳定传输。本次重庆马拉松"5G+VR"直播将新媒体与传统媒体进行融合，在VR全景视频中加入平面直播信号、直播解说、实时播报赛事信息等元素，生动呈现赛事节目效果。

技术方案架构上，现场采用多个全景摄像机位直播，原始拍摄视频通过5G无线网络上行到5G核心网，基于5G核心网专线到现场直播工作站。直播工作站为每路机位配备一台服务器用于图文包装，并将全景多机位视频

图7-5　VR直播全景体验区

资料来源：中国联通。

信号、广电直播节目信号、单兵全景视频信号集中到导播切换台，经过现场导播切换后输出最终视频流，并通过互联网专线推送给微信公众号、重庆广电、新华社等媒体渠道。

二、5G 让高质量医疗触手可及

未来的医疗场景可能是这样的：我们佩戴着远程医疗设备，舒适地坐在自己家里，生命体征、身体活动等数据都实时传递给医生。这些数据能让医生和护士迅速地了解我们的健康状况，从而给出个性化的治疗方案。

"5G+ 医疗健康"是融合 5G 技术和医疗技术而衍生出的新领域，各医疗卫生机构开始尝试借助无处不在的高速互联网络，为医疗健康产业的发展插上腾飞的翅膀，整合人工智能成果和大数据智慧，提高医院移动信息化程度和运营管理效率，提高医疗服务质量，实现优质医疗资源下沉，让高质量的医疗服务飞入寻常百姓家。

（一）5G 远程医疗探索取得突破性进展

传统的远程医疗采用有线连接方式进行视频通信，建设和维护成本高、移动性差。5G 网络高速率的特性，能够支持 4K/8K 的远程高清会诊和医学影像数据的高速传输与共享等，并让专家能随时随地开展会诊，提升诊断准确率和指导效率，促进优质医疗资源下沉。

1.远程会诊

远程会诊是指医师通过医疗机构远程医疗服务平台在线询问病史、听取患者主诉，查看包括影像、超声、心电等信息，提供治疗方案或开具处方等。

传统远程会诊过程中，医生能够看到患者基本信息，但若需要患者的影像检查信息、病理检查信息等生理信息，大部分情况下只能通过远程桌面共享的方式实现，此时由于网络带宽不足、性能不稳定等原因，致使分辨率降低图像不清晰的现象普遍，难以满足医疗专家原始病历信息调阅的需求。5G远程会诊可支持4K超高清视频图像、语音识别、医学影像原始图像在线浏览、双向标注等功能。医学专家通过5G网络在线浏览患者病历信息，语音调阅患者医学影像，动态调整不同部位灰度，满足医学原始数据本地化浏览。基层医生和专家可针对同一病历信息进行双向标注，多个页面动态无缝切换，提高远程实时会诊医疗服务效率和质量。

案例：武汉火神山医院"5G远程医疗小推车"

2020年2月7日，在抗击新冠肺炎疫情进入攻坚期的关键时刻，基于中国移动搭建的解放军总医院与火神山医院间的5G远程医疗系统，"5G远程医疗小推车"进入武汉火神山医院病区。通过在"5G远程医疗小推车"终端设备上安装移动云视讯客户端，利用在车上的移动云视讯终端，火神山医院的医务人员可以通过5G专网将本地医疗数据（含 CT 影像、检测指标等）共享给解放军总医院，让专家能够实现高质量的远程医学诊断。通过 5G 网络，大大提升医疗诊断信息的传输速度，省外专家与一线医护人员可实时互动、紧密配合，共同实施现场救治。同时，在一定程度上缓解了武汉一线医护人员调配紧张、超负荷工作的痛点，也可减少外地医疗专家前往武汉的风险。

图 7-6　搭建 5G 远程协作系统助力中国人民解放军总医院与火神山医院开展床旁多方重症会诊

资料来源：中国移动。

2. 远程机器人手术

远程机器人手术是指医师借助机器人，运用远程医疗手段，异地、实时地对远端患者进行手术，如图 7-7 所示。这是远程医疗中最为重要和最难实现的内容。

与远程会诊等行为不同的是，手术为有创操作，延迟或错误的操作将造成严重的后果，甚至危及生命。远程手术中要求手术机器人主、从系统操作一致性和实时性，其次还包括抗干扰和高通量信号传输、信号的稳定等技术问题。现有的 4G 商用网络和卫星传输，由于其窄带宽、信号时延不确定性和数据包丢失率等问题，远不能

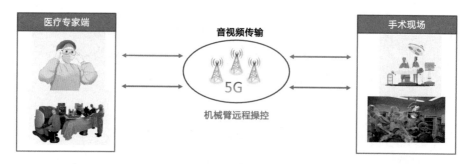

图 7-7　远程机器人手术示意图

满足远程手术的基本要求，这严重制约着远程手术的安全开展。随着 5G 通信技术的成熟，其三大特性显著降低了远程手术操作的时延，极大提升医生操作体验与手术质量。远程机器人手术过程中，需要实现高清 3D 影像与声音的即时、稳定传输，手术机器人的机械臂需操作平顺、灵活，主、从跟踪性好，从现场到远程医生端到端的 VR/AR 视频传输，手术现场需全面覆盖 5G 网络。

案例：3000 千米外，医生远程操控脑部手术

2019 年 3 月 16 日，中国人民解放军总医院联合中国移动，成功完成了 5G 远程人体手术——帕金森病"脑起搏器"植入手术，如图 7-8 所示。解放军总医院神经外科主任医师凌至培坐在三亚的办公室，与躺在北京手术室里的病患，直线距离接近 3000 千米，通过 5G 网络，远程操作电脑上的医疗软件，操控北京病患头上的马达，在 6 毫米的空间内，找到最为精准的植入点。如果采用传统的 4G 技术，医生在每点击一次向上或向下的按钮，传

到北京的手术室，有将近 300 毫秒的时延。而 5G 技术降低到 90 毫秒，这个时间对于大夫来讲，他的判断跟在本地没有什么差别。

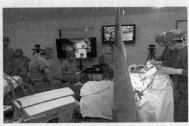

图 7-8　5G 远程人体手术

资料来源：中国移动。

3. 5G 远程超声

远程超声指远端专家在上级医院操控机械臂对基层医院的患者开展超声检查。与 CT（计算机断层扫描）、磁共振等技术相比，超声检查需要医生手工操作完成，非常依赖医生的检查经验，在我国超声医生仍存在较大的人才缺口，基层医院难以独立完成复杂的超声检查工作。远程超声为操控类业务，时延敏感性极高，5G 网络毫秒级时延的特性，能够有效保证上级医生安全顺利地操控机械臂，开展超声检查工作。相较于传统的专线和 Wi-Fi，5G 网络能够解决基层医院和海岛等偏远地区专线建设难度大、成本高，以及院内 Wi-Fi 数据传输不安全、远程操控时延高的问题。远程超声可应用于医联体上下级医院，及偏远地区对口援助帮扶，提升基层医疗服务能力。

案例：5G 远程超声助力抗击疫情

抗击疫情期间，中国人民解放军总医院专家利用中国移动提供的远程超声系统，突破地域限制，为基层医院的病人开展了"面对面"的超声检查，如图7-9所示。通过5G远程超声系统，总医院专家可远程操控病人端的机械臂，直接准确采集病患的超声数据进行诊断，检查图像反馈精准无误、清晰流畅。5G远程超声既是无创性操作，能解决患者因病情变化快无法通过CT反复检测的问题，又可以实现部分患者除了肺部病变外其他基础疾病的全身情况评估，有效避免了医患直接接触，降低了交叉感染风险。

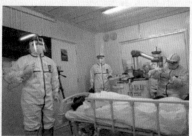

图7-9 助力中国人民解放军总医院与雷神山医院开展5G远程超声检查

资料来源：中国移动。

（二）5G 医疗急救车将发挥重要作用

近年来，各种意外创伤、突发事件及危重病人逐渐增多，急诊医学作为一门独立的新型综合性医学学科正在被人们认识和关注。目前我国的急救医疗体系已基本建成，其组织形式为"院前急救 +

医院急诊科＋重症监护病房或专科病房"。急救中心负责现场急救，转运和途中监护治疗，医院急诊科承担院内急诊，两者之间既有分工，又紧密合作，急救人员在现场或病人家中进行初步急救，然后用救护车或飞机等交通工具将病人安全地转运到医院急诊科，专科病房或 ICU 进一步抢救治疗，以确保急危重病人得到及时高效的救治，从而提高抢救成功率，降低死亡率，建立起急救生命的绿色通道，实现院前和院内急救一体化。传统的院前、院内急救多是独立运行的，导致急救资源调度效率不高。

5G 医疗急救深度介入院前急救、急诊室急救、ICU 等环节，连接一切可利用资源和数据应用，利用 5G 大带宽、低时延等特性实现多路高清视频实时传输，多方语音对讲，信息全互通，打破急救车与医院之间的信息壁垒，实现资源管理，优化急救措施，打造远程救援院内、院外统一平台，实现"上车即入院"，如图 7-10 所示。

5G 应急救援系统将院内急救中心、抢救室和 ICU 病房等与院外的急救车进行急救资源整合，实现城市应急救援智能化管理，远程急救过程可追溯，如图 7-11 所示。通过系统可以实时了解车辆位置、病人检查数据、车载视频等急救车抢救病人进行全流程监控，必要时，院内专家远程连线进行指导，系统可实现包括急救车辆管理、急救值班人员管理、车辆及医护人员调度、急救任务监控和指导、院外急救和院内治疗的对接、无人机管理等功能。

5G 应急救援系统包括智慧急救云平台、车载急救管理系统、远程急救会诊指导系统、急救辅助系统等部分。智慧急救云平台主要包括急救智能智慧调度系统、一体化急救平台系统、结构化院前急救电子病历系统。主要实现的功能有急救调度、后台运维管理、

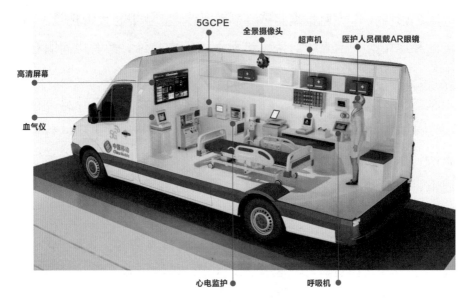

图 7-10 5G 急救车配置内览

资料来源：郑州大学第一附属医院。

图 7-11 5G 远程救助可视化指挥调度

资料来源：郑州大学第一附属医院。

急救质控管理等。车载急救管理系统包括车辆管理系统、医疗设备信息采集传输系统、人工智能影像辅助诊断决策系统、结构化院前急救电子病历系统等。远程急救会诊指导系统包括基于高清视频和VR/AR 的指导系统，实现实时传输高清音视频、超媒体病历、急救地图和大屏公告等功能。急救辅助系统包括智慧医疗背包、急救记录仪、车内移动工作站、医院移动工作站等。

　　5G 应急救援系统整合了医疗急救资源，建立起"医院—'120'—患者"紧急救援多方联动机制，健全医疗急救救治规范，实现在伤员发现现场和转运途中为其及早实施准确、有效、不间断的医疗救治服务。

案例：5G 智能救护车实现新冠肺炎患者在转运过程中的不间断体征监测和远程诊断

　　新冠肺炎疫情暴发，各地救护车网络都面临了重大考验。据央视报道，2019 年 1 月武汉市急救中心出车量约为 400 趟／天，而在新冠肺炎疫情下，出车量长期接近 600 趟／天，高峰期更超过 800 趟／天。高速移动中的智能救护车对通信网络的稳定性、时延性和传输速率都提出了极高的要求。借助 5G 网络上行超过 100Mbit/s 的数据传输速率，5G 疑似病患救护车搭载了 4K 高清视频监控设备，可将高清影音视频、患者体征数据实时回传至指挥部，以便监控人员与随车工作人员就转运细节、患者情况进行及时充分交流。必要时，指挥部还可启动与救护车及医院专家的三方 5G 远程视频会诊，实现院前急救与院内救治的无缝对接。5G 疑似病患救护车有效实现了移动工作场景视频化、生理体征数据化、指令传达即时化，改变了以往的转运模式，提高了收治的效率和效果。

（三）5G 海量连接促进数字化医院成熟

5G 海量连接场景构建院内医疗物联网，将医院海量医疗设备和非医疗类资产有机连接，能够实现医院资产管理、院内急救调度、医务人员管理、设备状态管理、门禁安防等服务，提升医院管理效率和患者就医体验，促进了数字化医院的成熟，提升了智慧医院管理水平。5G 在医院管理中的应用，不仅可以更加有效地对医院的整体运作流程进行数字化的记录、展示和管理，而且可以精细化医院的运作流程，提高医院的服务水平与管理效率，节省医疗成本，方便患者和医务人员。

1. 5G 智慧医疗管理信息系统

5G 智慧医疗管理信息系统可以将智慧医保系统、医院感染管理、不良事件系统、抗菌药物管理、医疗质量管理等进行有效整合，助力智慧医院建设，如图 7-12 所示。

图 7-12　智慧管理信息系统框架图

案例：上海市第一人民医院打造 5G 智慧管理院区

2019 年 3 月 28 日，上海市第一人民医院打造 5G 智慧医疗联合创新中心。该中心将在"智慧虹口"双千兆 5G 示范区平台的支持下，积极推进远程医疗、区域合作、智慧物联等医疗信息化建设，开展物资定位跟踪和信息采集、基于物联网的智能运维、机器人自动化物流等 5G 智慧院区管理应用研究，全面推进智慧医疗建设。

2. 智慧病区隔离管控

5G 技术不仅能实现诊疗过程的高效与协同，也为医院的护理工作者提供了新的技术手段和护理模式。基于 5G 技术的智能医护机器人，可以帮助医护人员执行导诊、消毒、清洁和送药等工作，实现日常看护工作的快速、灵活和安全，提升病区隔离管控水平；同时也有助于将有限的医护资源从繁重的日常消毒清洁工作中释放出来，投身于其他需要人工干预的复杂看护工作中去。5G 与 VR 技术的结合，为隔离区患者的治疗和探视带来沉浸式的全新体验，方便医生了解患者病情的同时又有效降低一线医护人员、患者家属在治疗和探视期间的交叉感染风险。

案例：5G 云端机器人助力疫情防控

2020 年 1 月 30 日，达闼科技将首批捐赠的 5G 云端医护助理机器人、5G 云端消毒清洁机器人、5G 云端送药服务机器人等发往北京地坛医院、武汉协和医院、武汉同济天佑医院、上海市第六人民医院、浙江大学医学院附属第二医院等医疗机构，在快速、灵活、安全的 5G 网络支持下，帮助医护人员执行远程看护、测量体温、消毒、清洁等任务，助力病区医护人员减少交叉感染，提升病区隔离管控水平。

三、5G 为科教兴国创造了新机遇

百年大计，教育为本。教育是提高人民综合素质、促进人民全面发展的重要途径，是民族振兴、社会进步的重要基石，是对中华民族伟大复兴具有决定性意义的事业。我国一直重视教育的发展，尤其近年从"三通两平台"，到 2018 年《教育信息化 2.0 行动计划》，再到《2019 年教育信息化和网络安全工作要点》，智慧教育的有序建设已成为重点任务之一，并迎来快速发展期。以 5G 新一代通信技术为基础，结合人工智能、大数据、云计算等新兴信息技术，依托 VR/AR、机器人等智能终端设备辅助教学，将通过打造沉浸式课堂创新教学方式，提升教师教学质量，并助力偏远地区实现高质量的远程教育，不断提高教育资源均衡利用。

（一）5G 智慧课堂将创新教育手段

当前传统课堂的网络主要依赖有线网、Wi-Fi 覆盖，这种方式存在如下痛点：教室光纤覆盖周期长、成本高、无法灵活开课，而且网络不稳定、容易卡顿，上网学习用户较多时，并发访问量高，网络质量难以保障，需要质量控制服务与边缘缓冲服务。5G 智慧课堂通过硬件终端的 5G 化，充分利用 5G 网络的大带宽、低时延优势，带给学生更快更好更流畅的体验，5G 结合 VR/AR、全息投影等技术的沉浸式教学让知识更易懂、学习更快乐，让天文、地理、生物、化学等用文字难以描述的知识通过更加生动的形式进行传播，提高学习效率。

继多媒体、计算机网络之后，沉浸式课堂是 5G 时代教育领域中最具应用前景的明星场景。通过 5G 通信技术与 VR/AR、全息影像等显示技术的结合，使场景化学习成为可能，师生同步在 VR/AR 的环境中沟通交流，学生得到沉浸式、实践式、强交互式的课堂体验，强化学生在课堂中的主体地位。对于体育运动、舞蹈艺术等实操性较强的动作学习，学生可以从不同角度观察打太极的手势、踢足球的脚法、跳拉丁舞扭动的弧度等，获得 360 度无死角任意切换的学习体验；在实验课程中，学生佩戴的 VR 头显可以选择多个视角，在一个实验中，学生可以选择从多个角度观察实验，掌握实验细节，实现沉浸式的体验。在技能培训课程中，VR/AR 与人工智能、大数据、云计算、边缘计算、网络切片等技术结合，实现沉浸式的强交互实时无线移动培训。VR/AR 是教学内容输出的主要载体，在培训设备体积巨大不便搬运、培训需要使用精密昂贵仪器、培训内容高度危险等场景中，这些技术可构造出虚拟而接近真实的培训场景以降低培训成本和避免发生危险。

案例：基于 5G 的 VR/AR 一体化实训基地

在浙江公路技师学院，中国电信杭州分公司利用 5G 高速通信环境和云计算，把 AR 数字教材、3D 立体课件、VR 模拟训练、AR 辅助实训等融入教学内容中，形成满足新形势下技能教学方法和学习模式。VR/AR 场景学习的海量数据内容在 5G 网络环境下双向高效传输，大量图形渲染不再依赖本地多台电脑，可以在云端渲染、计算，提升了工作效率的同时，也打通了本地信息数据孤岛，技能实训、实验中可实现自由移动、多人交叉的场景，不再受制于有线终端设备，更自由、轻便，如图 7-13 所示。该方案简化数字化设备对学校运维的要求、场地的限制，打破时空局限，创新教学方法和知识学习模式，

图 7-13　基于 5G 的 VR/AR 一体化实训基地

资料来源：中国电信杭州分公司。

有利于师资培训和职业教学推广，极大地促进中国职业教学的发展。

此外，基于 5G 技术 VR 教育还将扩展更多应用场景。一是能创造出许多此前难以实现的场景教学，比如地震、消防等灾害场景的模拟演习；二是能模拟诸多高成本、高风险的教学培训，比如车辆拆装、飞机驾驶、手术模拟等；三是可还原历史或其他三维场景，比如博物馆展览、史前时代、深海、太空等进行科普教学；四是模拟真人陪练，比如英语培训中的语言环境植入，一对一或一对多的远程教学，实现学生与模拟真人的对话。5G 沉浸式课堂，将知识转化为数字化的可以观察和交互的虚拟事物，让学习者可以在现实空间中去深入了解所要学习的内容，并对数字化内容进行可操作化的系统学习。

（二）5G 远程教学实现多地区共享优质教育资源

多年来，教育资源分配不均始终是教育的一大难题，乡村教学点缺师少教、课程开设不全，设备、老师、资源等都是追求教育公平路上的艰难石阶，如何破除这些难题成为教育公平的前提条件。而目前有线网络建设工期长、成本高，Wi-Fi 承载业务存在音视频延迟、卡顿等问题，交互体验不佳。

针对我国教育资源分配不均的问题，5G 远程教学借助 5G 技术对海量数据的超低时延传输和实时的图形图像处理、画面渲染，通过 VR/AR、全息投影等技术将名校名师的课件内容、真人影像通过高清、3D 的效果呈现在远端听课学生面前，可实现一对一、一对多及多对多直播互动的模式，学生在远程课堂中感受真实的师生互动，教师可以及时得到学生对于教授内容的反馈，高质量的教学课堂得以保证，实现多地区共享优质资源。

为实现该远程教学方案，在设备部署方面，需要在主讲老师位置设置多台 4K/8K 高清全景相机和全教室直播相机，在远端教室同步布设直播全景相机，两端教室同步部署 5G VR 一体机等一整套教学设备及软件系统。在本地教室中，4K/8K 全景摄像机将老师的授课画面实时上传到 5G VR 远程教学云，并同时显示在远端教室的显示大屏和 VR 沉浸式头盔。在远端教室中，学生通过可视屏幕和 VR 沉浸式头盔从多个视角观看老师教学暨实操。当进行 VR 内容沉浸式体验时，由本地教室老师启动课程，并通过 5G 网络向主教室和远端教室同时分发 VR 内容，两端学生跟随老师同步体验课程。此外，本地 / 远端课堂教学互动通过本地教室老师利用远端教室全景相机画面以及云端管理软件，通过音频等手段同步指导两个教室的学生，并支持课堂答疑即时联动。

5G 智慧课程打破了时空限制，实现了不同地区的老师、学生聚集在同一个虚拟课堂中，使优质的教学资源远距离传输到网络可达的任何地方，打造异地双师互动教学模式，推进网络条件下的精准扶智，以名师名校网络课堂等方式，开展联校网教、数字学校建设与应用，实现"互联网 +"条件下的公平而有质量的教育，促进优质教育资源的均衡分配，教育资源匮乏地区的学生接受远程教育亦可享受到优质的教学资源，使偏远地区孩子们对知识的渴望得到满足。

案例：四川凉山学生与成都天府七中学生同上一堂课

四川省凉山彝族自治州是我国深度贫困地区，教育资源十分匮乏。凉山州昭觉县万达爱心学校是 2018 年新建的一所专门针对失依儿童，包括小学和初中的全日制寄宿学校。2019 年 5 月 31 日，"5G+VR"技术让山区学生"走进"名校课堂，凉山万达爱心学校的孩子们与成都天府七中的孩子们跨越千里，同上一堂课，天府七中的老师带来了充满"空气魔力"的物理课程和大家"一起找不同"的生物课程。天府七中的上课画面通过 5G 网络实时传输到大凉山教室内的显示大屏和学生佩戴的 VR 头显中，两地学生都听得入神，授课教师与两个教室的学生们互动问答，实现了跨越千里的实时联动。

四、5G 时代，智慧出行离我们更近了

以 5G 为代表的新一代信息通信技术为交通的智能化发展提供了超低时延、超高可靠、超大带宽的无线通信保障和高性能的计算能力，借助于"人—车—路—云"的全方位连接和信息交互处理，不仅可以方便用户在出行过程当中体验到娱乐导航、共享出行、车联网保险等信息服务，更重要的是将为用户提供十字交叉路口碰撞预警、紧急刹车预警等车辆行驶安全、出行效率提升类应用，以及未来的远程遥控驾驶、车辆编队行驶、自动代客泊车等自动驾驶服务。

（一）5G 使汽车生活更加丰富多彩

"智能化与网联化"已被公认为未来交通的发展方向，5G 能够提升智能驾驶的进步速度，为智慧交通的发展奠定基础。5G 是实现交通方式变革的重要基础设施和推动力量，是提供安全、可靠、高效出行和动态协同交通控制的必备工具。

5G 能够提升万物互联的质量和速度，也将改变汽车交通工具的属性，拓展其成为移动生活终端，成为移动出行服务的平台，提升乘车人的出行感受。移动互联网，拓展了消费者的生活习惯，未来也将逐渐实现从购买产品转换成购买服务的模式，汽车将不再是"出行工具"，而是一个满足出行需求的个性化服务工具，而 5G 是实现个性化服务的根本保障。5G 将改变汽车产业链格局，架起汽车生产厂家与消费者之间的桥梁，将用户需求直接反馈至生产厂家，促进了设计、制造、销售模式的改变，从汽车厂商生产什么样的产品消费者就购买什么样的产品模式，转换成消费者需要什么样的商品汽车厂商就能按需生产的产品模式。

5G 为汽车实现个性化定制、打造新一代"智能座舱"，将是汽车与信息、通信、电子完美融合的产物，是解决未来移动出行的个性化、智能化需求的设施。5G 助力"智能座舱"实现汽车内外的无缝交互，提升汽车应用系统的智能化水平。5G 助力交通工具实现"个性化 + 智能座舱"，拓展了汽车应用，也改变了汽车产业格局，进而深刻地改变交通模式，推动社会智能化时代的进程。与此同时，消息服务是提高乘车人出行体验的重要应用场景，典型的车联网消息分为交通安全和紧急救援的消息、信息娱乐消息，5G 将为消息传输提供更畅快的通道，助力提升乘车体验。

5G 将改变当前汽车的服务模式，拓展汽车应用与服务格局。汽车作为商品，售后事宜（召回除外）基本与生产厂家无关。车联网的发展将会突破传统生产与销售脱节的模式，突破汽车厂商是座舱唯一制造者模式，为整个产业生态带来巨大变革。与此同时，5G 车联网助力汽车售后实现精准服务。汽车保养是汽车使用过程中的关键，以时间或距离为依据的保养服务模式具有一定的局限性。每个人的开车习惯是有差异的，反映到汽车零部件上的损耗也是千差万别，统一模式的服务方式，不利于汽车在使用中获取高效可靠的保养。

案例：上汽荣威发布"5G 零屏幕智能座舱"

5G 助力"智能座舱"完成汽车与乘员以及外部环境的沟通（数据交互），理解用户需求、适应用户习惯、提升用户出行舒适性以及保障用户出行安全等。2019 年，上汽荣威发布了"5G 零屏幕智能座舱"荣威 Vision-i 概念车，如图 7-14 所示，其拥有多场景适应能力并强调车辆情感化属性，采用灵活多变的座椅布局形式，可实现不同场景模式的转换，真正让车从"交通工具"转变为"移动空间"。在消息传输服务方面，5G 将有助于提前告知交通事故或道路施工信息；或者当车辆出现紧急情况时（如安全气囊引爆或侧翻等），车辆自动或手动发起紧急救助，并对外提供基础的数据信息，包括车辆类型、交通事故时间地点等。在车载信息娱乐服务方面，如车载 VR 视频通话、游戏、实景导航、电影娱乐等实时业务，5G 车联网赋能下的信息娱乐服务将从单一功能服务向多元化的信息交互、功能复杂的服务方式转变。

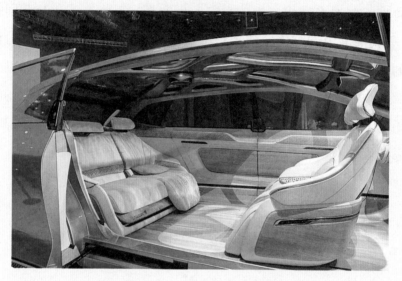

图 7-14　上汽荣威 Vision-i 概念 "5G 零屏幕智能座舱"
资料来源：上汽集团。

5G 车联网助力实现汽车与消费者直接沟通。汽车销售后，消费者对产品的满意度以及产品在使用过程中出现的问题，都需要通过中间服务商来提供反馈，这是个漫长而烦琐的过程。车联网应用，使汽车生产企业直接对话消费者成为可能：一方面，汽车生产企业可以通过车联网直接获取消费者的使用数据；另一方面，汽车质量问题也会通过网络以最快的速度反馈至汽车生产企业。随着 5G 时代的到来，传感器可以直接部署在汽车零部件上，使用过程中的数据直接回传到服务商，实现个性化的、按需的服务。5G 车联网助力汽车应用功能的扩展。当前，汽车的应用服务重心还是出行工具，5G 赋能下的汽车，应用重心将转移至服务和出行空间。就像功能手机向智能手机的演进一样，未来汽车将会是一个智能移动空间，汇聚更多的服务应用，打造全新的应用生态。

（二）5G 保障汽车行驶更加安全

汽车行驶安全类应用需要智能化与网联化技术的协同发展，其首要原因在于目前单车智能化在感知能力上仍然不足，如单车智能化感知易遭恶劣天气、遮挡物等条件影响，又如无法准确获取红绿灯、交通标识牌等交通标志消息；单车智能无法解决非视距问题，如十字路口其他方向的汽车行驶状态及环境信息；难以获取关键路口信息，包括路口、路段、车道、关键节点等消息，这些都是网联通信所能够解决的重要问题。然而汽车行驶安全类应用场景对于网联通信提出了更低时延、更高可靠性的要求，是当前移动通信技术所无法满足的。

在 5G 网络支持下，车辆与车辆或者路侧基础设施之间，可以实现十字交叉路口碰撞预警、紧急刹车预警等车辆行驶安全应用。以十字交叉路口碰撞预警为例，车辆对外广播自身身份、定位、运行状态、轨迹等基本安全消息，交叉路口其他方向来车通过接收信息进行行驶决策。此外，通过路侧基础设施对路口的车辆、行人进行探测与分析，并将对应的基本安全消息进行广播，构建"全息路口"，可以便于附近通行车辆更好地进行行驶决策。

案例：汽车厂商推动安全碰撞预警等车联网
行驶安全类应用功能

汽车厂商如上汽集团、一汽集团、广汽集团、福特、通用、吉利等逐步开发相关产品，大力推动新车的安全碰撞预警等车联网行驶安全类应用功能。2019年3月，福特宣布首款C-V2X车型2021年量产；2019年4月，上汽集团、一汽集团、东风公司、长安汽车、北汽集团、广汽集团、比亚迪、长城汽车、江淮汽车、东南汽车、众泰汽车、江铃集团新能源、宇通客车等13家车企共同发布C-V2X商用路标：2020年下半年至2021年上半年陆续实现C-V2X汽车量产。2019年10月22—24日，IMT-2020（5G）推进组C-V2X工作组牵头组织了"跨

图7-15 广汽集团紧急刹车碰撞预警应用示范

资料来源：广汽集团。

芯片模组、跨终端、跨整车、跨安全平台"的互联互通应用示范活动,26 家整车制造企业、28 家终端和协议栈厂商、10 余家芯片模组和安全服务提供商等共同参与,支持实现了紧急刹车碰撞预警、盲区预警等汽车行驶安全应用场景。广汽集团在"四跨"活动期间的紧急刹车碰撞预警应用示范如图 7–15 所示。

在 5G 网络的支持下,可以实时获取车辆的行驶状态和周边交通环境信息,通过发送指令控制远在几十甚至几百千米之外的车辆,完成启动、加减速、转向等真实驾驶操作,可以应用于危险品以及矿区运输,也可以满足自动驾驶失效情况下人工远程介入的需求。典型的应用场景如智慧矿山网联自动驾驶,是指通过 5G、大数据、多接入边缘计算(Multi-Access Edge Computing, MEC)等新一代信息通信技术,实现对矿区环境下的车、人、物、路、位置等进行有效的智能监控、调度、管理、协同,提升智能化程度和安全生产水平,降低人工和油耗成本。在矿山环境下,从开采到运输的各环节存在诸多痛点,如安全事故频发、矿车司机招聘困难,以及管理运营成本高昂等,对于网联自动驾驶有需求迫切。与此同时,由于矿区独特的工况条件,如人员严格管控、矿车行驶限速严格控制、行驶路线固定等,使得网联自动驾驶实现相对较容易。综合考虑上述两方面原因,适合在矿山等封闭环境下优先考虑推广网联自动驾驶应用。国内多个矿区开展应用示范,矿卡整车厂如小松、跃薪智能、徐州重工、三一重工等,以及矿卡智能驾驶解决方案供应商如慧拓智能、踏歌智行、长沙智能驾驶研究院等都积极参与。慧拓智能在内蒙古、山西与多方联合建立智慧矿山自动驾驶综合创新示范中心并落地实施。踏歌智行在 2018 年 8 月联合中国移动、华为在包头的白云鄂博稀土矿区开展的应用示范，完成了 MT3600B、NTE150T、同力 90T 宽体车的无人化改造。

案例 1：远程遥控驾驶助力智慧矿山网联自动驾驶

2019 年 4 月，慧拓智能在内蒙古自治区鄂尔多斯市大唐国际宝利煤矿开展"无人化运输项目"，如图 7–16 所示。目前，宝利煤矿有 8 台无人车编组作业，共行驶里程 10000 余千米，节约人力成本 80 万元以上，节约油费 20 万元以上。该项目在道路沿线安装路侧单元、边缘计算平台等，为矿卡提供无线通信和计算能力。矿卡端则需要能支持 C-V2X、5G 等网联通信，同时还需要安装前

图 7–16　慧拓智能落地国际宝利煤矿"无人化运输项目"

资料来源：央视网。

视摄像头、激光雷达、毫米波雷达、高精度 GNSS 等传感器。此外，在云端需要建设车联网云控基础服务平台，为车辆提供定位、高精地图更新、故障监测、智能调度等功能。

案例 2：瑞典将 5G 用于重型机械远程控制

为了节省采矿行业岩石爆破后的通风等待时间，提高生产效率，同时降低采矿人员的安全风险，沃尔沃建筑设备公司（Volvo CE）与瑞典电信运营商 Telia 合作开发基于 5G 的建筑机械远程控制和全自动化解决方案。2019 年 3 月，Telia 利用爱立信设备在沃尔沃的埃斯基尔斯蒂纳研发中心部署 5G 网络，并对采石场专用轮式概念

图 7-17　瑞典将 5G 用于重型机械远程控制

资料来源：爱立信公司。

装载机 HX2 进行远程控制测试, 如图 7-17 所示。结果显示, 5G 网络能有效解决在 Wi-Fi 及 4G 网络环境下, 无法对深降到矿井中的联网工程设备进行高速或高精度操控的问题, 并有望实现零排放 (装载车蓄电池驱动)、零事故 (在情况不明的环境中利用无人设备替代人工作业) 和零计划外停机 (节约通风时间) 的目标。

(三) 5G 助力交通智能化管理

在城市、高速公路和特定场景中, 当前的交通管理仍然面临效率低等问题, 亟须通过 5G 等新一代信息通信技术助力交通智能化管理。在众多城市路况中, 以交叉路口最为复杂, 不同方向上的车辆、非机动车、行人都要在有限的时间内通过交叉路口, 因此, 交叉路口通常是交通事故频发地, 是提升通行效率的瓶颈。据相关统计, 我国 30% 的事故都发生在交叉路口。事故一旦发生, 不仅会造成人员伤亡, 还会影响整个交叉路口的通行能力。在高速公路行驶过程中, 两车之间会产生气流涡流, 会造成很高的行驶油耗, 此外存在货车司机难招聘且工作疲劳程度高等不安全因素。在停车场等特定场景, 对大众消费者来说, 在家和公司以外的场所停车一直是很大的难题。

针对交叉路口场景, 经过联网化改造的交通灯或电子标志标识等基础设施可将交通管理与指示信息广播出来, 支持实现闯红灯预警、协同启动、信号灯配时动态优化和路口车道动态管理等车联网应用。以诱导通行为例, 交通灯信号机可将灯色状态与配时等信息实时传递给周围的行驶车辆, 为车辆决策是否通过路口以及对应的通行速度提供相应依据，并且可以一定程度上避免闯红灯事故的发生。此外，救护车、消防车等特种车辆可将其身份、位置等信息发送至沿途其他车辆，令其让道让行，并向沿途信号机申请实现绿灯通行，保障快速到达任务现场。随着以上效率类场景不断普及，可进一步推动城市路口之间感知与控制信号的联动，构建城市级交通协同调度场景，提升整体道路通行效率。随着车辆智能化程度提升，以及 C-V2X 应用与高级辅助驾驶系统（Advanced Driver-Assistance System, ADAS）融合，可以更多参与到车辆主动控制环节。协同启动则已经实现了 C-V2X 与车辆控制的结合，排队等待车辆通过 V2V 通信与头车绑定，在信号灯由红变绿过程中，头车起步时排队等待车辆同步启动，解决了受制于人类反应速度和车辆加速时间的延迟，有效提升了交通出行效率。

车联网基础设施建设正从小范围测试示范向规模先导应用逐步过渡。国内各示范区正在加快部署 C-V2X 网络环境，北京、长沙、上海、重庆等建成了覆盖测试园区、开放道路、高速公路等多种环境。此外，无锡、北京、上海、广州、雄安新区、重庆、长沙、宁波、盐城等积极构建 MEC 与 C-V2X 融合验证环境，在路侧和网络边缘部署集感知、计算、通信于一体的车路协同应用平台，探索 MEC 与 LTE-V2X 及 5G 融合创新的示范应用。

案例：智慧十字路口出行

无锡智慧交通示范区构建了城市级开放道路的示范环境，在 170 平方千米范围、280 千米道路内开展信息化

升级改造，包括 400 个交通路口、5 条城市快速道路、1
条城际高速公路；在路侧部署了 LTE-V2X RSU，开放实
时信号灯配时、道路视频监控、交通事件等 40 余项交管
数据；打造车联网应用管理平台，打通跨行业应用的数据
交互，打造公交优先、120 急救通道等民生应用。2019 年
9 月，世界物联网博览会期间，奥迪联合中国移动、华为
等在无锡智慧交通示范区完成多项智慧路口的应用示范，
包括信号灯信息显示、闯红灯预警及主动制动、路口协
同启动、引导车速巡航控制等，如图 7-18 所示。

图 7-18　奥迪路口协同启动应用场景

资料来源：奥迪。

利用 5G 通信可实现车辆编队行驶，同方向行驶的一队车辆
通过相互间的直接通信而实现互联，车队尾部的车辆可以在最
短时间内接收到头车的驾驶策略，进行同步加速、刹车等操作。
高速公路场景下的车辆编队行驶可以降低空气阻力并节省油耗。

当前后车距接近时，两车之间形成气流真空区，不会产生气流涡流，能降低空气阻力。根据北美货运效率委员会的数据，油耗能至少节省 10%。不仅如此，车辆编队行驶还能有效降低劳动强度。长途货运卡车通常需要 2 名司机轮流驾驶，通过车辆编队行驶，只有头车需要司机专心驾驶，跟随车辆几乎不需要人类驾驶员接管，能为司机提供更多休息时间，车队司机人数也可适当减少。高速公路车辆编队行驶方面，奔驰、沃尔沃、曼恩、斯堪尼亚、达夫和依维柯于 2016 年 4 月参与了世界首次跨边境卡车编队行驶挑战赛，开启了车辆编队行驶产业化研发序幕。2019 年 5 月，我国东风商用车、福田、中国重汽 3 家企业共同参加了在天津举行的自动驾驶汽车列队车辆编队行驶标准公开验证试验。

案例：高速公路车辆编队行驶

2019 年 11 月，由上汽集团、上港集团、中国移动合力打造的上海洋山深水港智能重卡示范运营项目，在

图 7-19　上海洋山深水港智能重卡示范运营项目

资料来源：上汽集团。

洋山深水港物流园、东海大桥、洋山一期码头内，通过"5G+自动驾驶"实现车辆编队，完成集装箱智能转运，如图7-19所示。

第八章

5G 让数字治理"润物细无声"

　　城市形态正在加速向数字化、网络化、智能化趋势演进。无论是城市的管理者，还是管理规则下的社会公众，对城市运行态势的精细化感知需求都永无止境。4G 时代，初步实现了城市轮廓的数字化勾勒，而 5G 时代的到来，将更加清晰地呈现城市的内部细节并显性化城市运行机理。以 5G 为核心的泛在智能基础设施将逐步渗透到城市的水、电、空气、道路等每一个"细胞"中，与城市治理深度融合、无缝衔接，让城市的管理和治理像绣花一样精细。想必你已经对 5G 如何赋能社会治理充满遐想，那就让我们一起来一探究竟。

5G 时代的全面到来，将从治理过程、治理范围、治理手段等维度，推动政府治理方式从经验驱动转向数据驱动、决策过程从事后解决转向事先预测，为政府治理精细化、智慧化发展带来新的机遇。

在城市管理领域，5G 与物联网、人工智能、大数据等技术融合，助力打造精准智能的城市管理体系，在城市智能感知、城市运行管理、社区管理等领域率先应用。在城市智能感知方面，基于 5G 的智慧城管系统能连接更多设备，采集的城市海量数据将大幅提升城市管理能力。在城市运行管理方面，实现对"人、地、事、物、情、组织"等城市运行态势的量化分析、预判预警和直观呈现，为城市管理提供"一站式"决策支持。针对城市私搭乱建等情况，5G 技术能有效保障视频信息准确采集分析，实现问题快速定位和响应。在社区管理方面，助力实现社区智能出入、可疑人迹追踪、智能井盖防移动、电动车防盗等功能。通过将社区安防和公安系统联动相结合，开创 5G 平安社区新模式。

在公共安防应急领域，5G 将率先与超高清视频监控融合，助力发展多种智能终端巡检，为智慧安防提供通信传输保障。在超高清视频安防监控方面，5G 网络将推动 4K/8K 高分辨率视频监控普及应用，凭借其高速数据传输能力使高清视频数据采集、传输、存储和实时回传成为可能。基于智慧安防指挥云平台，结合大数据和人工智能等技术，对人脸、行为、特殊物品、车等实现精确识别，形成对潜在危险的预判能力和紧急事件的快速响应能力。

在政务审批办理领域，5G 能够在审批业务受理、远程服务等方面发挥巨大作用，尤其是在新冠肺炎疫情的影响下，不见面办事、零接触审批成为需求常态，但政务审批办事往往涉及身份审核、信息填报、资料上传下载等，对于视频图像采集、网络访问性能等能力均有需求。一方面，基于 5G 能够让人脸识别更加精准快速，现场办理信息填报和上传更加快速，有助于提高审批受理和办理实效；另一方面，5G 超高清视频有望连接更多普通家庭和个人智能终端，实现随时随地在线办事，真正让政务审批服务"触手可及"。

在生态保护体系建设领域，5G 重点在智慧水务、生态环保、城市环卫等领域发挥作用。如在智慧水务方面，5G 无人船可以实现自动采集水域信息，实时回传高清视频，对水质超标进行实时预警，对污染源信息快速锁定，并能够采集复杂场景下的水质信息，让水生态监管无死角。在生态环保方面，通过在各类设施上加载 5G 智能终端，实现对各类资源要素及污染源的全面智能感知。利用 5G 无人机、VR 等技术直观监测污染情况，有助于实现污染快速处置。在城市环卫方面，基于 5G 传感器的大规模部署，有助于提高城市环卫系统回收效率。

一、5G 推动城市管理走向智能化

随着我国城镇化进程的加速发展，传统的城市管理和运营模式逐步落伍甚至被淘汰。现代的智慧城市管理体系将涵盖城市规划、建设到运营的全生命周期、全过程、全要素管理，致力于实现城市各类信息和数据的共采、共享和共用，着力打破"数据孤岛"和"信息烟囱"，推动城市治理有序、高效开展。

通过 5G 技术构建的动态化、可视化、多维度、全景式的"大城管"格局，能够有效提升城市运行动态感知、实时呈现、精准预测、快速响应能力，是重塑城市精细管理体系和提升治理能力现代化水平的重要手段。

（一）5G 助力"智慧城管"全域感知

智慧城管是智慧城市的重要组成部分，它的四大基础特征体现为全面透彻的感知、智能融合的应用、宽带泛在的互联、以人为本的可持续创新。智慧城管基于原有的数字城管进行建设，是智能时代"以人为本"城市管理的创新举措。

智慧城管是社会公众高度重视的领域，也是发展较为成熟的领域。但综合来看，智慧城管点多面广，应用分散，发展成效参差不齐。目前我国各级城市推进智慧城管建设的主要模式多以"一体化大平台管理"配合"前端城管队伍处置"为主，但在其实际运行中，数据体系不完整是其面临的主要挑战。一方面，城市管理业务领域全面覆盖城市各类事件，业务职能范围极为宽泛，而城管专职部门资源配置有限，传统人力巡查巡检难以满足全面覆盖和实时感知的业务需求，导致城市管理各类突发案件多为被动治理、事后修补；另一方面，由于前端感知设施部署不足、空间资源受限、感知手段较为单一等诸多短板，导致城管部门难以全面实时掌握城市动态变化。

5G 助力"城市脉搏"全域感知。智慧高效的城市管理，需要实现"城市脉搏"智能感知、实时呈现、精准预测、快速反应。在"城市脉搏"智能感知方面，基于 5G 网络，智慧城管系统能承载更多的设备连接、传输更大的流量，采集的城市海量数据将大幅提升城市管理能力。在"城市脉搏"实时呈现方面，利用 5G 在数据传输上具有的天然优势，通过无人机、无人船、城管机器人实现城市违章建筑、城市部件自动检查，能够更快速地传输超高清监控视频资源和实时数据回传，实现位置灵活、身临其境的自动化远程巡检方式，提升自动化程度，减少人力、人工。各地在 5G 城市管理中的应用已涉及感知、分析、服务、指挥、监察等多个环节，为市政基础设施、海洋管理、水务等提供实时反应、高效联动的 5G 应用解决方案。

案例：地方城市积极探索基于
5G 的城市巡检管理新模式

青岛利用"5G+ 无人机"实现应急处理、森林防火、交通指挥、重大活动保障、市容环境监控、河道汛期巡检等远程巡查，基于 5G 网络实时展示无人机点位，回传飞行视频影像，让指挥中心获取重要的作业数据，辅助管理者调度指挥，帮助城市管理从静态转向动态。台州城管 5G 联合创新中心利用"5G+ 物联网"实现市政设施的智能管理和远程调度。福建通过"5G+24 小时巡航无人机"实现海面高清视频回传，消除海洋执法的监管死角。

5G 创新"实景三维城市"测量建模方式。现代城市管理正在向"规建管"一体化转变，涉及从城市规划、建设到管理的全生命周期、全过程、全要素、全方位的数字化、在线化和智能化，真正实现城市"一张蓝图绘到底、建到底和管到底"。随着新时代的到来，城市规划、管理、决策系统正在从二维平面向三维实体升级，传统二维电子地图在空间和视觉表现上存在很大的局限性，难以实现城市规划设计管理可视化的要求，随着"实景三维中国"建设推进，三维数字城市成为一个地区乃至一个城市信息化水平的重要标志。4G 时代倾斜摄影和激光扫描等新型测绘产品由于上行带宽问题，需在无人机、雷达车测量完成后重新导入服务器建模，无法满足实时采集建模需求。

5G 网络可以实现建模数据的快速回传，通过 5G 无人船、无人机、激光雷达车等新型测绘技术，可实现城市空间数据信息的快速扫描采集和实时建模渲染，并能有效覆盖陆地、海洋，将原来的 BIM（建筑信息模型）应用到城市管理，提升到 CIM（城市信息模型）的高度。未来 5G 航拍将为城市管理、规划、建设等众多智慧城市应用提供实景三维"数字底板"，如图 8-1 所示，大幅降低三

图 8-1 5G 无人机助力高效三维实景测绘

资料来源：中国信息通信研究院。

维模型数据采集建模的经济成本和时间代价。

　　5G 助力市政设施智能化转型。通过 5G 和物联网技术结合，给市政设施安装上智能化传感器，城市建筑、桥梁、道路、管网、灯杆等市政基础设施可实现"被感知"。传统城市路灯采用简单的定时开启和关闭路灯，能源利用率低、成本高；依靠市民投诉、人工巡逻的被动式维护，路灯故障维护的实时性和可靠性差。基于 5G 的路灯物联网感知系统，可实现路灯联网化和单灯控制，路灯运营方无需人工巡检，可远程检测并定位故障，结合路灯运行历史开展生命周期大数据管理，实现被动—主动—预测性维护升级。

案例：乌镇推进 5G 智慧灯杆集成建设

　　2019 年年底，乌镇开始部署首批智慧路灯——神经元路灯。如图 8-2 所示，通过集成搭载 5G 基站、照明、路测传感器等设备，能够缓解 5G 基站高密度分布对城市的压力，同时为感

图 8-2　5G 智慧灯杆

资料来源：5G 应用仓库，见 https://www.appstore5g.cn/。

知城市态势提供了便捷载体。与此同时，神经元路灯还可以根据所处的经纬度、人流、天气等因素自动实现开关和调节明暗，保证行人和行车的安全性。

（二）5G 打造"智慧社区"贴心服务

71 岁的李林老人家住北京市海淀区某小区，自从小区建成以来，李林老人目睹了小区一步步升级改造带来的变化。2018 年，小区作为北京首批 5G 智慧小区试点，启动完成了新一轮的智能化升级改造，门禁自动人脸识别、居家呵护提示、智能政务机器人服务、语音安防抓拍等。一系列新应用陆续上线，为老人带来了更为便捷舒适的社区生活新体验。

党的十九大报告指出，要推动社会治理重心向基层下移，标志着社区现代化治理体系已成为现阶段我国治理能力现代化建设的重要方向。作为我国社会治理体系的基本单元和社会基层治理的核心载体，社区在推动各项政策高效落地实施、维持社会稳定、稳妥提升民众生活幸福感和满意度等方面正发挥着举足轻重的作用。

而智慧社区建设，则是顺应公众对社区生活、安全、物业、健康、出行等精细化需求下的社区管理服务模式演进方向。基于 5G、互联网、大数据等技术的综合利用，一方面能够节约大量的社区管理人力成本和时间成本，另一方面也有助于显著提升社区高效化管理能力。

智慧社区建设以满足居民多元化生活需求为出发点，综合运用新一代信息技术，不断创新社区生活服务和资源管理模式，为社区居民提供更加舒适、安全、便利的现代化、智慧化生活环境。在这一演进过程中，5G 作为底层的数据传输网络，有助于进一步构建社区内互通连接、万物互联、上下贯通的立体化社会活动"传感网络"，从而实现社区内各类部件、事件、主体和活动的"透明"感知，为社区智能化服务、精细化管理、高效化响应、精准化处置提供必要条件。

当前我国智慧社区发展依然处于初级阶段，多数实践倾向于通过搭建一个社区管理服务平台，构建智慧社区 O2O 生态圈，集成社区电商、居家养老服务、社区安防等核心能力单元，为社区居民提供基本的管理和服务保障。但总体来说，智慧社区管理模式依然较为粗放，社区安防点位不足、清晰度不够，需要大量人力巡防，多数老旧小区处于安防"盲区"；社区公共事业水电气热服务、人员普查管理、社区活动组织等均以上门普查为主，干预式、被动式服务一定程度上对居民造成影响，距离构建以人为本的智能社区尚有较大差距。

5G 推动社区治安"防患于未然"。基于 5G 技术的城市安防应用全面向社区深度延伸，让社区实时高清监控成为可能。在 5G 技术的支持下，监控设备捕捉和回传的画面更清晰、传播图像更及时、处理数据更可靠，为应对日益复杂的社区安防形势提供了更多高效的智能管

图 8-3 5G 智能门禁

资料来源：5G 应用仓库，见 https://www.appstore5g.cn/。

理手段。如图 8-3 所示，门禁系统高清视频抓取结合大数据智能分析，能够实现社区常住人口和外来人口的自动识别，通过对可疑人员的精准抓取和轨迹分析，辅助社区保安人员研判潜在风险。通过高清视频对社区车辆进行主动识别和轨迹跟踪，辅助公安部门识别嫌疑车辆并主动告警，提高城市安防效率。

案例：海淀区创建"5G+AIoT（智能物联网）"新型智慧社区

2019 年 7 月，北京市海淀区某小区建成 5G 智慧社区。走入小区南门，门卫室的门玻璃上贴着"5G+AIoT 智慧社区机房"字样。大屏幕上分列设备感知、消防感知、人脸感知、通行感知、周界感知、井盖感知、满溢感知、一键报警、盲点监控等内容，如图 8-4 所示。4G 网络条件下，100 兆的带宽同步只能接入四路摄像头，画面还经常出现卡滞。而 5G 网络传输速度是 4G 的 100 倍以上，目前已经接入了二三十路摄像头，画面流畅清晰。未来随着智慧社区建设的深入，最多可接入上百路高清摄像头。

该小区通过人脸识别智慧门禁系统，实现"刷脸"进门。更方便的是，该系统还针对 70 岁以上空巢老人，设计了超过 24 小时没有出门，就会自动拨打电话的设置，方便社区随时监测他们的情况。同时，借助 5G 网络，小区垃圾桶通过传感器可以及时将垃圾储量情况传递到社区，提醒垃圾清运人员及时清运垃圾，保证小区环境卫生。

图 8-4　5G 助力社区安防管理

资料来源：5G 应用仓库，见 https://www.appstore5g.cn/。

"5G+ 智能表具"让居民告别手抄表烦恼。在水、电、气等各大公共企事业单位的推动下，我国智能表具实现了规模化推广和普及利用。基于智能表具有效提升了家用能源购买、缴费、抄表的便捷性，广受社会公众好评。但同时，由于传统蜂窝网络基站接入能力有限，智能表具的大规模普及对基站接入能力提出更高要求，5G 网络的规模化应用有望解决这一问题。5G 网络每平方千米提供百万级终端接入能力，能够有效满足未来社区水、电、气、热等各类抄表业务需求。以此为基础，基于精细化数据管理，也为能源企业开展区域能源利用情况分析和价格动态调控提供了精准数据支持。

5G 助力探索"有温度"的社区新生活。5G 特性让真正稳定的毫秒级实时数据同步变得可能，而"实时"是 AR 应用持续进化的必然要求。5G 和 AR 的结合，为社区精细化管理和贴心社区服务提供更大的想象空间。如在各种社区活动中，利用基于 5G 的 AR 眼镜，组织者能够快速识别参与人员，辅助统计管理工作；在社区交通微循环管理中，基于 AR 设备自动识别和抓拍违停、违法车辆，自动提醒违停车主挪车；社区社工通过 AR 设备全程记录独居老人等特殊群体，感知分析生理状况并主动上报卫生健康部门；网格员基于 AR 设备巡检并实时拍照回传问题，提高社区设施维护效率；此外 5G 也能辅助社区建筑维修和改造，如图 8–5 所示，物业人员及维修人员通过 AR 设备对接城市 BIM 系统，直观分析社区建筑的三维模型，快速定位社区设施故障点。

图 8–5　5G 辅助三维建模

资料来源：2019 年"绽放杯"参赛项目"5G 在公安现场勘查三维建模中的应用"。

（三）5G 推动"城市大脑"演进升级

"城市大脑"是融合 5G、人工智能、物联网、云计算等多种技术发展而来的新型数字基础设施，可以将未来城市视为具有学习、思考和决策能力的"类人生命体"，物联网传感设施类比人的五官，连接传感设施的 5G 网络类比人的神经系统，人工智能形成数据计算和控制的算力、算法中台类比人的大脑。

"城市大脑"要求短时间内传输大量数据，为城市治理者实时呈现第一现场，掌握一手资料和舆情。故而其极大程度依赖于网络设施通畅性和服务质量。目前，全国各地"城市大脑"部署计划超过 200 个。但从实践来看，目前"城市大脑"应用多数聚焦在特定行业领域，如交通、安防等，且支撑业务多数基于已有业务数据的计算分析和调度优化，受限于前端感知规模、感知深度、业务整合能力等影响，"城市大脑"向"全业务大脑"升级进展缓慢。随着 5G 网络的逐步推广和全面商用，未来基于 5G 的"超级感知节点"将有望加速这一演进进程。

5G 将显著增强"城市大脑"的连接能力，提升响应速率。"城市大脑"基于城市大数据的集中汇聚和智能分析，前端海量城市数据的智能采集和感知设施，需和"城市大脑"建立高质量、高频次的网络连接，杭州"城市大脑"每 2 分钟需对城市道路交通状况进行一次扫描，实时感知在途交通量、拥堵指数等"生命指标"。而 5G 的高速率、广连接特性将有助于大幅提升"城市大脑"的数据采集和传输能力，前端海量数据实时回传到"城市大脑"云端，为"城市大脑"人工智能算法模型提供海量数据原料养分，5G 网络边缘计算进一步扩展"城市大脑"的并行计算能力和边缘智能，更智能高效地调节分配城市资源，为城市居民提供更加贴心的服务。

5G 将有效提升"城市大脑"决策能力。"城市大脑"具备城市运营日常管理和应急指挥的平战结合功能，5G 能有效提升"城市大脑"的实时感知和决策能力。5G 可大幅提高跨部门救援调度和管理的效能，指挥人员能够直观、及时地总览现场情况，更快速、更科学地制定应急救援方案。5G 使 VR/AR 新技术能够应用到应急救援和仿真演练中，如在雨量较大季节利用水淹分析对河流沿岸进行不同水位的水淹影响区域预测。此外，5G 通信保障车、5G 防灾救援无人机已经开始在各地试点，在超级厢式货车部署 5G 基站、人工智能眼镜和指挥大屏，能够实现方圆 300 米范围内的 5G 信号覆盖，结合卫星回传技术可建立救援区域海陆空一体化的应急救援5G 网络覆盖，快速获取受灾区域位置及影响范围，提高应急救援效率。

二、5G 时代公共应急管理更有安全感

城市应急管理体系是保障我国经济社会高速高质量平稳发展的关键，是强健城市"生命线"的核心内涵。随着经济社会全面向数字化、网络化、智能化方向演进，万物互联、数字孪生社会呼之欲出，城市应急管理体系也在积极拥抱数字技术，通过灵活运用移动互联网、大数据、人工智能等技术手段，推动应急救援体系向灵敏感知、高效响应、极速救援方向发展。

突发公共事件应急管理的本质是与时间赛跑，能多快就多快。如果说 4G 时代，应急管理体系基本实现全时空、多模式数字化覆盖，实现了"马车"向"汽车"的演进，那么 5G 时代的到来，则从覆盖深度、灵活性和服务效能方面大大加速了应急管理和救援体系升级进程，为应急救援体系装上"航空发动机"。

（一）5G 织就平安城市防护网

构建立体化城市安全防护体系，是推动现代化社会治理体系和治理能力建设的关键举措之一。2018 年，中共中央办公厅、国务院办公厅印发《关于推进城市安全发展的意见》，同年工业和信息化部、应急管理部、财政部、科技部联合印发《关于加快安全产业发展的指导意见》，分别从需求场景、产业供给等层面加强政策部署。在实施层面，平安城市、天网工程、雪亮工程多轮工作压茬推进，从多个维度不断加密城市安全防护体系，为经济社会平稳运行发展提供了有力保障。

但结合城市安全态势发展来看，受限于视频信号数据量大、带宽资源有限、实时性要求高等问题，4G 对城市安防应用的保障作用依然薄弱。加之城市安防视频体系多数采取固定点位监控的方式，对于突发灾害如火灾、盗损等具有一定隐蔽性的事故难以第一时间发现并辅助开展应急抢险。而 5G 改变的不仅是城市安防感知清晰度和速度，更是开启了移动安全防护时代。5G 超高清监控高低点位全方位覆盖叠加基于 5G 的无人机、可穿戴摄像头、移动车等装备巡查，将真正实现全方位立体式安防布控，大幅提升城市安全防护和响应水平。

5G 助力高精度监控网络全域覆盖、精细感知社会态势，实现城市安全响应"零时延"。一方面，5G 网络正式商用后，城市视频安防监控设备将进一步走进 8K 分辨率时代，这意味着清晰度更高的画面与更丰富的视频细节，这使得视频监控分析价值更高，同时减少网络传输和多级转发带来的时延损耗；同时基于人脸识别模组，将能够实现广域视角下的超高精度态势感知与轨迹跟踪，大大提升了高密度人口环境下的安防布控需要。另一方面，5G 推动安防业务全面向民用市场拓展，如借助 5G 网络大连接、广覆盖特点，智慧烟感管理平台实现居民家庭中的烟雾报警器实时联网并接入派出所与消防系统，实现对于区域内火灾隐患的及时发现与有效控制。

案例：5G 智慧巡逻机器人为市民提供一键报警

2019 年 8 月 29 日，苏州市公安局召开 5G 公安科技产品发布会。会上发布了中国联通"智慧战警"——智能巡逻机器人，如图 8-6 所示。它能够 24 小时全天候自主巡逻，远程控制对巡视区域的环境、人员、车辆、意外

图 8-6　5G 智慧安防系统

资料来源：5G 应用仓库，见 https://www.appstore5g.cn/。

事件等要素进行实时监控和智能分析，并进行危险识别和预警。5G 智能巡逻机器人配置七路高清监控视频，可将高质量的语音通过 5G 实时回传至指挥作战中心。在自主巡检过程中，机器人可以智能避让行人，协助民警完成巡逻任务，有效提高见警率，并为市民提供一键报警服务。

5G 助力构建"平安校园"。近年来，校园突发暴力事件频发，加之校园人员流动密度很高，"平安校园"场景对安防体系精细度提出了更高要求。在 5G、物联网、边缘云、人工智能等技术的支持下，全场景高清视频监控、智能视频分析、入侵探测报警、电子巡查可以有效解决当下视频模糊无法识别、陌生人进校、危险探测不及时等校园安全问题。具体到场景来看，以 5G 安防视频监控体系为例，基于 5G 的 4K/8K 超高清视频监控能够提供更丰富的视频细节，让特定目标检测、标注、跟踪等成为可能，叠加智能摄像头人脸识别、物体识别等模组，将有助于及时发现校园内的行为异常人员、异常物品如管制刀具等并进行告警，更好保障校园安全。

案例：中山大学图书馆 5G 巡检机器人

在中山大学南方学院图书馆，机器人在 5G 网络下运用人工智能、自动化控制等技术，可实现安防巡航、实时监测、全时值守联网巡逻，并对监测对象进行自动识别。有了5G巡检机器人的帮助，管理人员在办公室就能了解图书馆内设备与人员的实时动态，大大提高效率、节约管理成本。与此同时，5G网络"加持"下的AR眼镜等可穿戴设备运行更加顺畅平稳，安保人员也能够实时识别定位进出校园的可疑人员及车辆，将违法人员成功阻挡在校园之外，保证师生的生命和财产安全。

5G提升应急救援装备技术水平。如在消防领域，我国消防设备工业起步较晚，导致消防应急救援装备技术水平偏低。5G技术加速提升搜索、营救、通信类救援设备数字化、智能化。5G推动智能化搜索装备研发，通过5G技术将网络云平台与各种数字化仪器相连接，高效对灾害事故现场的受灾群体或遇难者存在的生命信息源实施探索与搜寻。5G加速智能化营救设备研发，如5G无人机灭火设备投入生产，可辅助城市火灾救援。5G加快通信设备智能化，如集抢险救灾指挥、通信、信息、安全、保卫功能于一体的多媒体智能通信控制系统等已得到广泛应用。

案例：成都市消防开展5G无人机灭火救援演练

2019年2月24日，在5G网络和无人机的配合下，成都市消防救援支队举行针对高层建筑的无人机灭火演练。5G无人机设备，如图8-7所示，实现了现场超高清画面的实时回传，为指挥中心决策提供重要辅助；在找准位置之后，指挥中心发出命令，基于 5G 网络，指挥无人机快速准确执行喷洒干粉指令。

图 8-7　5G+ 无人机助力消防应急救援

资料来源：5G 应用仓库，见 https://www.appstore5g.cn/。

（二）5G 强健应急通信保障水平

自古以来，应急通信在社会生活中就具有极其重要的战略作用，古代王朝为了抵御外敌入侵大量修建烽火台，实现了对敌人动态情报的快速传递，这是最古老的应急通信方式。20 世纪，应急通信手段发生翻天覆地的变化，以 VSAT 卫星、微波图传、海事卫星、长途电话、"大哥大"等装备及技术为代表，极大丰富了应急通信的可用手段。进入 21 世纪以来，随着网络技术、微处理技术、人工智能的快速发展与优化，智能化终端、高频带应急通信装备不断出现，进一步提升了现代应急通信体系的效率。

但随着社会发展，经济、社会、政治、外交活动空前频繁，城市应急需求和场景也同步向多变急变趋势发展，现代应急通信体系依然还有不少问题和挑战需要克服。应急通信体系平台架构、技术体系呈现多样化，专用网络和设备投资较高，对我国大多数偏远地区和特殊场景而言全面部署并不现实，且维护难度大，技术要求高，突发状况下又难以保障现有应急通信保障体系能有效覆盖。因此，应急通信服务移动化覆盖、碎片化部署、敏捷化响应成为应急体系的重要发展方向。

5G 赋能让应急通信保障场景更加完备。基于 5G 的新型设备因为能够更加适配各类型场景的特色保障需要，已经得到业界的高度关注。典型如 5G 通信保障车应用，具备机动灵活的特点，已开始陆续在全国各地推广，广泛应用于各应急保障需要，推动应急通信服务场景开始逐渐从重特大事故紧急救援向常规性活动保障拓展，大大丰富了应急通信服务范畴，如国庆阅兵式、国际赛事、春晚多会场直播等大型活动，均已出现以 5G 为标志的应急通信保障身影。目前的 5G 通信保障车可以保障方圆 300 米范围内 5G 信号全覆盖。在城市内基础设施较好地区，通信保障车主要通过地面的光缆线路实现基站与核心网之间的通信，当车辆处于偏僻恶劣环境时，则是通过卫星回传技术，将信号通过卫星回传到地面。此外还包括基于 5G 的无人机、可穿戴设备等也竞相涌现，助力实现全地形、全时空的 5G 网络覆盖。

案例：中国电信应急通信保障车助力武汉军运会顺利召开

中国电信从全国范围内抽调 60 余辆 5G 应急通信保障车，全面保障 2019 年武汉第七届军运会所有场馆及其周边区域的 5G 通信网络。该通信保障车相当于可移动的宏基站，只要停下来接入光纤宽带，就能升起天线设备开始工作，为军运会的赛事直播提供强有力的通信技术支持，让多路 4K 高清直播成为可能，实现赛事直播效果前所未有的大幅提升。

5G 创新应急通信服务业务模式。传统的应急通信保障方式如数字集群、卫星通信等，受网络带宽和覆盖限制，应急通信回传信息以话音、图片及短消息等形式为主，流媒体回传对成本、带宽消耗偏高，应用相对受限。而在 5G 时代，得益于数据流量综合成本的不断下降，以及 5G 通信三大性能优势以及网络个性化定制等技术优势，5G 应急通信保障方案形成了独特比较优势。一方面，5G 应急通信能够实现超高清视频的不间断回传，弥补传统应急通信保障"可知不可见"的短板，更加直观的方式能够大大提高应急救援决策水平；另一方面，5G 通信设备轻量化、移动化特性能够实现局部应急通信网络的敏捷部署，如 5G 无人机、5G 可穿戴摄像头等，能够实现现场情况即时回传至决策者，也为下一步应急救援争取更多时间。

案例：中国移动联合华为开展 5G 高空基站应急通信测试

2020 年年初，中国移动联合华为完成了无人机 5G 高空基站应急通信测试，高空无人机基站飞行 200 米高空时覆盖能力超过 6.5 千米，经过测试方案的验证，实现了 5G 高空基站的连续覆盖和通信，预计可以同时为近千个手机用户提供即时通信服务，保障救援工作顺利进行，如图 8-8 所示。

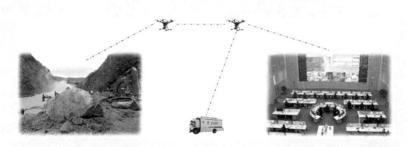

图 8-8　5G 高空基站实现应急现场通信网络快速部署

资料来源：中国信息通信研究院。

三、5G 助力打造人民满意的高效能政府

经过 20 多年的高速发展，我国互联网发展环境日趋完善，发展基础日趋坚实，互联网新经济、新模式、新应用快速崛起，成为我国创新驱动发展的"探路者"和产业新旧动能转换的"生力军"。这一历史机遇也为我国政务服务理念、模式创新演进提供了新的思路。当前，以互联网为使能器，加快推动智慧政府建设，深化互联网＋政务服务改革，已经成为打造现代政府、不断提升社会治理能力的重要内涵，也是提高政府服务满意度、优化区域营商环境、提升经济社会运行效能的关键举措。

4G 时代，我国基本实现从"数字政府"到"网络政府"的历史性演进，政务审批业务全面上线、横向打通、纵向互联，政务审批开始全面向移动化发展，"无所不在、触手可及"的政务审批服务改革初具成效。而 5G 时代的到来，将有力提升政务审批的"服务含金量"，在政务审批在线查、移动办的基础上，大幅优化提升服务体验，让公众感受更好，真正实现"服务型政府"发展目标。

（一）5G 推动政务审批"秒批秒办"

2015 年开始，福建、广东等地方政府率先发力，以深化"放管服"改革为导向，积极推动政府履职和服务精简优化，通过全面梳理和明确各部门服务事项清单，简化、优化和重造各项业务流程，拓展政民互动通道，推动政府审批服务事项公开透明，便捷高效，有效提升了政府公共服务水平。

但从公民、企业实际业务体验来看，政务审批服务整体依然有较大上升空间。举例来说，目前我国各地陆续成立了政务审批服务中心，一定程度减少了群众办事"多头跑、重复跑、跨省跑"问题。但公民、企业办事依然需要携带大量证明材料，进门要填表、登记个人信息、登记办理事项、排队拍照、校验材料、等待审核、等待取件……加之流程不清晰、不透明，公众办事往往存在一定盲目性。

此外，随着各地加快建设"在线政府""指尖政府"，行政审批事项多数需要在线查询、在线申请，导致办事现场网络访问需求非常大，而现场热点往往还需要认证，带宽和接入容量也相对有限，在涉及办事文件材料在线提交、资料表格下载、验证码认证等环节时，网络拥塞往往导致页面刷新困难、验证码丢失、资料传输缓慢等问题，极大影响公众办事体验，可以说服务型政府建设理念与现实落差依然较大。而随着 5G 技术的发展，基于 5G 的政务融合新应用、新模式、新设施也开始大显身手，让政务审批受众有了不一样的感观。

5G 助力政务审批"便捷受理"。随着 5G 网络逐步覆盖政务审批中心等重点业务场景，5G 新设施全面进驻业务办理现场，首先对政务审批受理环节带来巨大影响。公民、企业办事不再需要重复进行身份信息、办理事项等信息的重复填报，基于 5G 的自动采集、处理、比对功能让信息识别全面电子化、智能化。目前我国已有 40 余个城市开通了政务审批"刷脸"办事，包括查询公积金、缴纳交通罚单、申报个税等多种类型业务，5G 能够让个人身份认证更加准确、快速，充满科技感的办事体验也显著提升公众感知。交管系统基于 5G 移动设备采集车辆驾驶人员面部信息，能够快速完成信息采集比对，在驾驶员忘记携带驾驶证、行驶证、身份证等证件时也能便捷办事。

案例：各省（区、市）积极发展基于 5G 的 "刷脸"认证审核新模式

以 5G 为代表的新技术热点持续转化为行政审批服务亮点，为政务审批受理提供重要支撑。如浙江地税基于芝麻信用实名认证，启动"刷脸查税"应用服务。广州、深圳先后启动试点"互联网＋"可信身份认证，公众通过手机"刷脸"即可完成领取养老金资格认证手续。浙江临海行政服务中心通过"人脸图像采集＋公安

系统"自动比对，实现身份自动核验，群众不带身份证也能办事。未来随着 5G 应用的全面推广，基于"刷脸"认证模式，政务审批在线服务受理效率和准确性将持续提升。

5G 赋能政务审批"极速办结"。政务审批受理作为 5G 应用的典型应用场景，目前已得到各地政府的高度重视和发展。通过加快推进政务办公、行政审批场景的 5G 网络优先覆盖、深度覆盖，显著提升极速移动网络服务质量。公民、企业办事能够基于 5G 终端或者基于 5G 的高速 Wi-Fi 信号，实现"在线政府"极速访问，利用 5G 网络 Gbit/s 级别的超高速率和毫秒级别的网络时延，便捷完成各类服务事项的在线查询、在线填报、资料下载上传等业务，让政务审批流程流转得更顺畅。

案例：成都天府新区政务服务中心
审批进入"光速时代"

成都天府新区政务服务大厅实现 5G 网络信号对中心三层的全面覆盖，前来办事的公民和企业代表无论身处哪一层，只要连接到 Wi-Fi 就可以享受到 5G 极速网络服务。对办事者来说，办件的数量并没有太大变化，但是提交材料的速度快了不少。具体到业务办理体验来看，以前在提交客户资料的时候会有一个进度条显示提交的进度，一般需要十几秒到几十秒不等，自从覆盖了 5G 网络，进度条已经"消失不见"了，点击提交的一瞬间，就已经上传完成，大大提升了用户的业务办理速度。

（二）5G 搭建"不见面审批"桥梁

以"互联网＋政务服务"为抓手，当前我国所有省（区、市）及新疆生产建设兵团均全面建成一体化政务审批服务平台，绝大多数已经实现了省、市、县三级全覆盖，为群众、企业在线查询、在线申报提供了便捷服务渠道。但具体来看，在线办事深度依然还不够，能够全程在线办理的事项比例较少，多数依然还需要公众"线下跑、跑现场"。此外，针对孤寡老人、留守儿童、残疾人群等弱势群体，在线在网审批缺乏相应的推广宣传和技能辅导，在线审批服务不充分矛盾依然存在。而基于 5G 网络的远程审批、在线辅导有望弥补这一短板。

5G 远程审批让审批现场走进千家万户。2020 年新冠肺炎疫情来袭，催生在线经济、宅经济、在线办公等无接触管理服务模式爆发，社会治理领域零接触管理、零接触服务将成为重要发展方向。在审批服务领域，随着 5G 网络覆盖的不断完善，公众、企业有望通过移动智能终端和宽带网络，实现政务办事"远程审批"。目前在司法等细分场景已经有地区在探索这一新应用模式。未来，无论是在家里、在公司，还是在路上、在公园，个人都有可能通过 5G 网络接入政务远程审批服务平台，在线完成咨询、人员核验、事项审批等业务，真正实现"不见面、零接触审批"。

案例：北京市房山区政务服务中心借助 5G 实现远程"不见面审批"

北京市房山区政务服务局针对新冠肺炎疫情期间管控动态和态势，积极探索"无接触"服务、"不见面审批"新模式，针对企业行政审批高频政务服务事项，以区市场监管局作为试点，利用 5G 网络高清视频服务的方式，开通"远程帮办"服务，为辖区内企业提供线上"面对面"服务引导和帮办。

通过视频咨询，为办事企业提供直观的远程指导服务，进行疑难件咨询回复，核实申报材料，审核通过后纸质申请材料通过邮政快递提交、办理结果通过邮政快递送达，真正实现全流程"不见面审批"。

5G 畅通政务服务传播网络。互联网和数字政府建设加速政务媒体数字化快速发展，政务公众号等服务形式正在向基于短视频等更为灵活、鲜活的融合创新方式转变。而 5G 技术特性将对政府媒体形态和传播、对受众获取信息方式等产生革命性影响。借 5G"东风"，未来政务新媒体平台将能够更好顺应社会全面网络化发展趋势，通过更加鲜活的短视频、政务直播等方式，推动政府履职、信息公开、在线办事指南、突发事件响应等快速全网传播，大幅压缩政企民互动时间成本，提高政府履职效能，助力打造透明阳光政府，强化积极向上的社会舆论引导，不断提升政府公信力。

四、5G 与"绿水青山"来约会

"绿水青山就是金山银山""像保护眼睛一样保护生态环境，像对待生命一样对待生态环境"。想要打好生态环保以及污染防治攻坚战，必须增加环境治理科技含量、提升治理质量与效率，通过 5G 与边缘计算、高清视频等技术及无人机 / 船等设备的融合应用，助力构建全方位、全时域、立体化的环境监测体系，推动实现混合式网格化环境监控模式，为全面、实时、精准的生态环保管理提供关键技术支撑，为实现以数据驱动的生态环境高效治理提供重要物理保障。

一方面，基于 5G 的智慧环保将极大提高生态环境监测管理的标准化、自动化、智能化水平，助力政府和企业有效开展环境污染治理以及城市环境规划，避免出现"环境质量变化说不清、污染源排放情况说不清、环境风险说不清"等治理不精准、责任不明确的情况；另一方面，5G 赋能的智慧环境还能为公众提供实时空气质量查询、绿色出行路线规划、健康指数预报等创新业务应用，提升居民生活质量，增强社会民生福祉。

（一）5G 提高水生态治理能力

水是生命之源，加强水环境的保护和治理对人类发展至关重要。我国有 16 个省（区、市）重度缺水，其中 6 个省（区、市）极度缺水，在全国 600 多个城市中有 400 多个属于缺水或严重缺水城市，水资源监管和治理便成为城市发展的重要关注点。

在水务管理领域，现有监测手段较为单一落后，水质监测还以人工监测为主，不仅覆盖面积小、耗时耗力、效率低下，在一些复杂、恶劣环境下进行的水质监测活动对工作人员来说存在一定的安全隐患，且水务监测过程受限于天气、地理等环境因素，与理想的管理监测环境相差巨大。

5G 与物联网、云计算等新一代 ICT 结合让水质监测更容易部署，让水务管理工作更加实时准确。利用无人机、无人船等先进终端设备，海量水务数据可以被及时采集、传输、处理和分析，有效地提升水位、水质和管网监测数据的传输能力，提高水务公司管网抢修、水质安全监测等应急响应能力。依靠 5G 网络的大连接特性，感知网络设施的部署和接入成本可以有效降低，海量城市水表数据可以被远程接入网络并实现自动上传。

案例：5G 水质监测系统

中国移动安徽公司协助焦岗湖风景区搭建了 4A 级景区水质监测系统。该系统基于在湖水中放置的 5 类监测设备，通过 5G 无线网络及光缆设备的高速传输，实现水质数据的实时监测、快速传输、精准分析。此外，该系统还配备了巡检人员定位功能，可以对巡检人员进行实时对讲以及远程调度，确保景区以及环保部门及时掌握水质情况。

5G 与无人机、无人船的结合可实现水务监测全面覆盖，有效提升水务管理效率。利用无人机广域感知的特点，实现长距离大范围低空巡查，如图8-9所示，通过无人机搭载全景摄像机或高清摄像机，对重点环境保护区域进行航拍监测并通过5G网络的高速率传输能力实现超高清视频实时回传。监控人员可以通过远程观看监控画面，实现对环境保护区域的全景巡查与监测，消除监测盲区，降低人工成本并提高监测效率。

图 8-9　无人机红外监测画面

资料来源：2019 年"绽放杯"中国联通参赛项目"水天一体 5G 智慧环保产品"。

案例：5G 助力污水智能监管

　　为加强 5G 在生态环保领域的应用，四川省生态环境厅联合中国移动、华为等公司，选取成都华阳中科成污水净化有限公司等两家污水处理厂，对其污染治理设施和排放口应用高清智能图像分析，并通过 5G 网络传输能力实时回传污染源 4K 高清监控图像，有效解决了宽带网络传输数据存在的卡顿、时延、掉线等问题，同时通过机器学习对设施运行及排放口情况进行智能分析，实现对企业污染物排放情况的智能监管。

无人船可应用于湖泊水库、江河流域、近海区域，对水体的pH值、浊度、总氮、重金属等各种信息指标进行实时采集、处理和监控，及时全面地分析出水环境质量现状及判断发展趋势，为水污染综合整治提供技术支撑，为全面实施"河长制"和各级责任考核提供事实依据。

水下无人设备与低空无人机和水上无人船形成协同配合，构建起立体无人智能水系巡检体系，从而提升水务问题处理效能。当监控人员发现可疑问题需要水下进一步查探时，可以使用水下无人设备进行定点拍摄或录像取证，水下无人设备的前置补光灯便于清晰探寻可疑位置情况，将水下影像实时回传至监控人员从而查明目标问题情况，从而提升巡视巡检的直观性和效能，以实现大范围和目标范围的监控管理。

案例：5G智慧水务

成都活水公园与中国联通携手打造5G智慧水务体验区，实现无人船"智慧巡河"——无人船远程控制以及自动驾驶控制，水面高清视频实时回传、VR演示，船载传感器自动采集水域信息，并根据数据对河道进行水上水下一体建模、绘制水质分布图、生成采样报告及检测报告。

（二）5G 助力空气质量监测管理

现行的空气质量检测手段多以建立空气质量监测站点为主，对空气质量进行定点定时的采样、监测和分析，存在空气质量监测数据不全面、更新不及时的情况。加之近年来，农民焚烧秸秆事件频发，夏收和秋冬之际，大量农作物收获后遗留的秸秆难以处理，部分农民为图方便直接在田间焚烧秸秆，燃烧产生大量污染物，严重污染环境，危害人体健康。焚烧秸秆的情况屡禁不止，空气质量的定点或人工监测往往难以发现或及时处理。

部署 5G 网络能够显著提升空气质量监测能力。5G 网络的使用带来的是移动性的大幅提升，依托于以无人机为主的移动智能终端，可在城市全域内任意地点进行空气采样，通过数据感知对污染源进行精确定位，有效提升空气监测水平和污染治理能力。

5G 网络可支持高清视频影像传输，其稳定的接入能力可以支持无人机的高速移动性。在对城市区域实施常态化环境巡逻侦察时，无人机进行大面积航拍侦察，可及时发现违法倾倒垃圾、私自排放污水、废弃排放超标等破坏环境的非法行为，并实时将现场情况上传至决策中心。在环境污染事件发生后，需要对嫌疑单位或人实施重点排查时，对污染环境的重点嫌疑单位或人实施不间断监控，开展空中隐蔽摄像拍摄。当发现存在渣土遗撒、污水偷排、废气排放、倾倒垃圾等破坏环境的违法行为时，拍摄高清晰现场照片，为后期处理提供图证。在突发紧急空气污染事件时，在发生区域开展气体采样和分析工作，快速确定主要污染物成分，为制定应急预案提供依据。

案例：秸秆燃烧监测

秸秆燃烧是通过定点或人工监测往往难以发现或及时处理的经典案例，而以 NB-IoT 为基础的窄带物联网环境监控体系非常适合用于类似情况的空气质量监控，其具有抗干扰能力强、安全可靠、连接容量大、传输距离远、覆盖范围广、设备功耗低、部署成本低等优点。通过部署各种污染源检测传感器、数据采集分析仪器、通信传输装置、控制执行组件收集和记录数据，数据由光纤、NB-IoT 和 5G 网络根据不同数据类型传输给监测站执行操作。

另一种面向秸秆燃烧场景的空气质量监测是使用 5G 无人机，通过搭载高倍变焦镜头和光谱设备，从高空对地面农田进行监测，实时获取图像资料，并将巡查到的所有目标火点的经纬度坐标以及面积进行精准测量记录，结合视频影像数据实时传送给政府监管部门，从而提高火点巡查监控水平，同时增强复核及执法依据。

（三）5G 提升环卫效率

当前环境卫生治理效率有待提升。随着城市化进程不断推进，环卫工人工作压力不断加大，尤其在街道、小巷子的环卫保洁工作任务相比于城市干道，存在很多困难问题。清扫机械设备不易进入、犄角旮旯清扫困难造成环卫清扫效率低下，人力成本巨大。垃圾分类中，由于垃圾不能准确地分类，大量可以回收再利用的垃圾被填埋，不仅不能充分利用其价值，更造成了严重的土地、空气污染。而 5G 环卫系统可以在环卫保洁、垃圾分类两个方向提升环卫效率，改变现状。

5G 提升保洁和垃圾处理能力。5G 智能环卫机器人实时接受指令，执行任务，垃圾定位精准，清扫速度快，是 5G 智能环卫系统中的"黑科技"产品。机器人使用 5G 传输人工智能算法数据，使机器人间实现实时互联，机器人和云端控制系统实现实时互联，而机器人得以自主规划线路，识别障碍物、避让行人、识别交通信号灯并自主制动，自主判断环境情况对工作模式进行选择，适时完成无水干式清扫或干湿两用作业任务。5G 智能环卫机器人在提高环卫保洁效率、缩短作业时间、减轻交通压力的同时，更节省了人力资源，减少作业时的安全隐患。

"5G+AR"的技术组合可以辅助垃圾分类工作。高清图像经 5G 网络高速传输到边缘端或云端进行图像识别，识别结果经 5G 网络传回 AR 终端，告知用户手中的垃圾是什么分类。杭州市天水街道试点了类似的智能系统，矿泉水瓶在被摄像头扫描后几秒，系统会给出"矿泉水瓶属于回收物"的指导，提升垃圾分类的准确率。智能垃圾分类系统后台具备数据统计与分析功能，基于 5G 和物联网技术对垃圾分类进行精细化管理，与下级再生资源处理中心联网，协同进行垃圾分类回收工作。实现垃圾分类的智能化操作，减少人工成本，提升工作效率。

案例：5G 环卫机器人

为了提升街道、小巷子环境卫生治理效率，5G 环卫机器人编队已投入到福田街道的清扫保洁工作中。这些环卫机器人依托 5G 网络已经实现了 L4 级别的自动驾驶，它们可连续作业 6 小时以上，在街道清洁环卫任务中深度替代人工，为环卫工人减负，提升了环卫工作的精细化、智能化程度。

在岳麓山大学城，5G 无人驾驶环卫机器人编队配合人工智能大脑，具有超强的智慧和安全性、超快的信息响应与数据交互能力、超高的集群协同作业能效。5G 技术的应用，极大地提高了环卫机器人的作业效率，大大降低了机器人集群操控的难度，可更好地保障作业区域的清洁。

5G 应用将呈现二八分布，即人与人之间的通信只占应用总量的 20% 左右，80% 的应用在于物与物之间的通信，因此，行业应用对于 5G 成功发展至关重要，规模化应用是 5G 未来发展的关键所在。当前，我国 5G 融合应用逐渐步入示范推广阶段，业务探索从单一化业务向体系化应用场景转变，工业互联网、医疗健康、公共安全类应用数量明显增多，将成为 5G 的先锋应用领域，但商用推广模式、应用解决方案还需进一步探索。

第九章
5G 的未来畅想

    5G 自诞生之日起，就被赋予了"改变社会"的重大使命。5G 不能"单打独斗"，与人工智能、云计算、大数据、区块链等新型信息技术"融合聚变"，才能激发新一轮科技革命和产业变革，实现产业转型升级，焕发出推动经济社会发展的澎湃动力。5G 通过智联万事万物、赋能千行百业，正在开启一个突破限制、加速进步的全新数字时代。5G 时代也是机遇与挑战并存的时代，对于 5G 的未来发展，还有诸多问题亟待回答。我国在当前 5G 发展中遇到了什么难题，又将如何应对？我国 5G 将给世界带来怎样的贡献？对后 5G 时代的发展有何畅想？

新中国成立 70 多年来，我国移动通信产业经历了从"1G 空白"到"5G 创新发展"这一波澜壮阔的历程。当前，5G 正在同人工智能、工业互联网、数据中心等新型基础设施一道，加速与实体经济深度融合，激发新一轮经济社会变革，开启万物互联新时代。

然而也应理性认识到，5G 在深刻改变生活的同时，也带来技术演进、网络建设、应用推广等多方面挑战，5G 发展是一个长期演进的过程。标准技术方面，从愿景提出，到标准研制、技术试验、产品研发，每个过程都需要较长的时间。我国 2013 年就启动了 5G 愿景需求及关键能力指标的研究，到 2018 年 6 月 R15 第一个版本国际标准发布，历时 5 年，并仍在不断演进中，目前 R17 将于 2021 年第四季度冻结。建网方面，5G 网络部署是逐步建设和完善的，并将与 4G 网络长期共存、持续更迭。应用方面，2G、3G、4G 历代移动通信的新业务发展都不是一朝一夕可以完成的，5G 也会面临同样挑战，将逐步完成与经济社会的深度融合。我们应直面新挑战、探寻新机遇，积极推动 5G 及后 5G 时代的高质量、可持续发展。

一、5G 航母刚刚鸣笛起航

习近平总书记指出，当前，数字经济发展日新月异，深刻重塑世界经济和人类社会面貌；① 我们要顺应第四次工业革命发展趋势，

---

① 《习近平出席二十国家集团领导人第十四次峰会并发表重要讲话》，《人民日报》2019 年 6 月 29 日。

共同把握数字化、网络化、智能化发展机遇，共同探索新技术、新业态、新模式，探寻新的增长动能和发展路径。[①]5G 是全球科技革命中的引领性技术，也是新一轮产业革命的关键要素，将对国家、企业发展带来历史性重大机遇。

（一）5G 推动国家经济社会大发展大变革

5G 最重要的突破是将从人与人之间的通信，拓展到人与物、物与物之间的通信，开启万物互联时代，驱动产业升级，社会变革，带来下一个互联网"黄金十年"。

从经济转型看，5G 将开启产业互联网新蓝海，打造万亿级市场新空间。5G 真正的潜力是与垂直行业深度融合，带来一场从消费互联网到产业互联网的变革，让更多物联网设备、工业设备进入通信网络，加速各行各业数字化、网络化、智能化转型发展步伐，从工业互联网、车联网、能源互联网，再到万物互联，打开巨大发展空间，创造巨大经济价值。一是规模化网络建设方面，新一代信息基础设施建设和融合基础设施升级拉动万亿投资空间；二是网联终端接入方面，未来将有超千亿工业互联网、车联网等网络设备接入产生万亿市场空间；三是信息服务方面，千亿网联终端产生的海量数据，创造万亿服务创新空间。

从社会进步看，5G 将开启万物互联新时代，创造智慧社会新模式。一方面，5G 将进一步创新社会治理模式，应用于电子政务、

---

① 《习近平出席第二届"一带一路"国际合作高峰论坛开幕式并发表主旨演讲》，《人民日报》2019 年 4 月 27 日。

智慧城市、生态环境保护，提升城市照明、抄表、停车、公共安全与应急处置等领域治理能力，促进形成以数据为驱动的政府决策机制，实现治理过程、治理方式的智能化、数字化变革，助力国家治理体系和治理能力现代化；另一方面，5G 将进一步增强公共服务能力，提供远程教育、远程医疗、智慧养老、智慧消防等公共事业新模式，提升公共服务效率和体验，促进优质资源共享。

（二）5G 带给企业创新创造大空间

5G 是新一轮科技革命的重要驱动力量，正带来十年一遇的科技产业创新机遇，将催生无数新技术、新产品、新应用，创造无数新业态、新模式，也必将孕育一批伟大的科技公司。

从科技创新看，5G 将形成技术变革新动力，为企业带来无限创新空间。一方面，5G 引领新一代信息通信技术发展方向，直接促进移动通信技术代际跃迁，间接带动了元器件、芯片、终端、软件等全产业链整体创新；另一方面，5G 广泛渗透到几乎所有领域，与人工智能、大数据、云计算、物联网等交叉融合，与制造、生物、新能源等技术交织并进，推动以绿色、智能、融合、泛在为特征的群体性技术变革。

从商业创新看，5G 的出现将带来商业模式新变革，催生一批新业态、新公司。从 1G 到 4G，代际跃迁背后是商业模式的变化，每个新的商业模式都会造就一批科技创新企业，特别是 3G 时代出现了安卓、苹果 iOS 两大操作系统，4G 时代带火了移动支付、社交平台、短视频等业务。未来面向万物互联的 5G 市场，在诸如自动驾驶、车联网、智慧城市、VR/AR、物联网等领域又将孕育一批新的独角兽企业。

（三）5G 带来人们生活新变化

5G 进一步提升移动通信技术服务人们衣、食、住、行的能力，将对人们生产生活方式产生重大影响。

从便利工作角度，5G 时代将把"移动"生产生活推向新高度，进一步重塑工作模式。5G 不仅仅带来移动通信的便利化，还将催生一批远程、无人、自动化的新技术、新产品，加速远程办公、非接触式服务、平台经济、共享经济、宅经济等模式规模化，为自由职业者提供了更加广阔的空间。在未来 5G 时代万物互联的世界里，办公不再受地点的约束、全日制的限制，跨域工作将成为常态，或将有越来越多的人过上边旅游、边工作的生活方式，摆脱"朝九晚五"的束缚，自主支配时间。

从便捷生活角度，5G 将进一步提升人民生活水平，改善生活品质，增强人民群众的获得感、幸福感、安全感。未来，无处不在的 5G 网络将支撑其 360 度全景直播、全息通信、云游戏、虚拟购物等新型消费模式，智能家居、无人驾驶、远程办公等智慧生活新方式将借助 5G 走入寻常百姓家，5G 将极大地便捷生活，满足人们对美好生活的向往。

二、5G 征途依然任重道远

5G 时代我国积极参与 5G 标准制定，贡献中国方案，技术研发与全球同步。经过产学研用各方多年的不懈努力，我国 5G 发展迈出坚实步伐，在 5G 技术标准制定、频谱规划、产业发展等方面取得积极进展，整体上已具备规模化推进的条件。但同时，我国的 5G 发展还面临一些问题和挑战，应对建网压力、完善应用市场、突破核心技术是需要闯过的"三大关卡"。立足当下，须抓住移动通信技术变革的历史机遇，营造良好的发展环境，加快基础设施升级，鼓励技术创新及落地应用，打造健康、繁荣发展的全球 5G 开放生态，助力 5G 持续创新，推动经济社会更高质量发展。

（一）加快建设精品网络

"九层之台，起于垒土。"我国 5G 网络建设部署仍须结合业务需求、建设成本及地域特点等因素，因地制宜开展网络部署，加快建成覆盖全国、技术先进、品质优良、高效运行的 5G 精品网络。在区域上，先从具备条件、市场需求强的地方加快开展网络建设、实现广泛覆盖，再分阶段向地市级城市和全国范围扩展；紧紧围绕京津冀协同发展、长江经济带发展、长江三角洲区域一体化发展、粤港澳大湾区建设、海南全面深化改革开放等重大战略，打造示范网络。在行业上，先支撑相对成熟、需求迫切的重点领域应用需求，加快在交通、物流、能源、电力、石油等行业的 5G 网络部署，再逐步覆盖到各垂直行业。在投资上，坚持市场导向，充分发挥基础通信企业和 5G 应用领域有潜力的大型企业示范带动作用，鼓励支持社会资本参与 5G 建设。

应多措并举、统筹推进 5G 网络建设，缓解运营商的建设压力。首先，应加大跨行业资源协同和基础设施开放，推进公共基础设施向通信基础设施进一步开放共享，促进 5G 网络与 4G 网络协调发展；其次，应鼓励绿色节能技术产品研发创新，降低 5G 设备功耗，并采用直供电方式（而非转供电）为 5G 基站供电以降低电费，减少运营商网络运行成本；最后，应鼓励运营商进一步强化合作，更有效地建设 5G 网络，避免重复投资，减少建设和运营成本。

（二）深化垂直行业应用

行业兴则百业兴，5G 赋能千行百业令社会各界翘首以盼。深化 5G 融合应用、增强 5G 行业赋能效果及外溢效应具有重大意义。当前，我国 5G 应用场景日益丰富，行业应用解决方案探索加速，但我国 5G 融合应用整体上仍处于探索期，应用产业生态尚处于雏形阶段，各个环节须进一步提升和贯通。为加快 5G 融合应用发展，应从丰富应用场景着手，打造重点应用领域，建设应用产业生态系统。

一方面，需通过实施"5G+ 医疗健康""5G+ 工业互联网""5G+ 车联网"等工程，将 5G 与人工智能、边缘计算、大数据、自动驾驶等新一代信息技术紧密结合，加快在工业制造、交通物流等垂直行业领域的应用，带动传统产业智能化转型升级，推动 5G 在教育、医疗、养老等公共服务领域深度应用，不断增强人民群众的获得感、幸福感；另一方面，要充分依托通过创新中心、孵化平台、产业园区以及 5G 应用产业方阵等平台载体，汇聚应用需求、研发、集成、资本等各方，培育 5G 应用创新企业，畅通 5G 应用推广关键环节，推动 5G 在各行业各领域的融合应用创新。例如，通过"绽放杯"5G 应用大赛等众创组织形式，持续形成一批可落地、可复制的 5G 融合应用解决方案和有影响力的优质解决方案提供商。

此外，要继续推动 5G 融合应用还需跨部门、跨行业的协同合作，加强产业、交通、医疗、农业、环境等部门间的沟通协调，引导各领域企业面向行业需求积极参与 5G 研发及应用，打通创新链和价值链，加快构建全方位、多层次的 5G 融合应用生态系统。

（三）客观应对安全风险

坚持发展与安全并重、鼓励与规范并举的理念，基于现有 4G 安全管理框架和技术保障措施，针对 5G 新的安全风险和不确定性，采取有针对性的完善措施，强化 5G 网络安全保障。

国内方面，首先，要规划好包括安全战略、法规政策、标准体系在内的各方面工作。其次，要加快构建 5G 安全监管体系和基础设施安全保障体系，加强 5G 网络基础设施和核心系统安全防护，着力确保 5G 在各行业各领域的应用安全、可靠、可控。具体来说，一是构建多维度安全防护体系。深入研究 5G 网络安全挑战和需求，从终端安全、设备安全、网络安全、关键资源安全、数据安全、融合应用安全等多维度加速构建网络安全架构。加强 5G 网络数据安全管理，完善个人信息保护制度。加快构建系统完备、运行有效的 5G 产品和服务体系，强化供应链安全。二是坚持发展与安全同步部署，构建多元协同、清晰明确的安全责任体系，确保网络运营商、设备供应商、行业服务提供商等主体各司其职、各负其责。三是加强 5G 安全技术与标准研究，加快建立 5G 安全检测认证体系，鼓励技术创新，大力推进 5G 安全技术攻关。强化 5G 应用安全风险动态评估，结合 5G 垂直领域各自特点，开展行业应用安全相关标准研究，开展跨行业、跨领域的 5G 安全风险评估。四是建立健全 5G 网络威胁信息共享联动机制，实现威胁信息共享、共治。五是推进 5G 安全学科建设，加大人才培养力度，建设高水平人才队伍。

国际方面，加强开放合作互信，共同应对 5G 安全风险。秉持开放包容、平等互利、合作共赢的理念和原则，推动建立增强互信的双边或多边框架，积极在联合国国际电信联盟等多边组织框架下探讨 5G 安全相关国际政策和规则；增进各方战略互信，进一步完善对话协商机制，加强 5G 网络威胁信息的共享，有效协调处置重大网络安全事件，探索最佳实践，共同分享应对 5G 安全风险的先进经验和做法。同时，加快推进 5G 安全国际标准，凝聚全球统一共识，建立 5G 安全国际评测认证体系，推动实现互信互认。

（四）营造有利发展环境

5G 的持续创新来自市场驱动，但离不开良好的公共政策环境。我国政府高度重视 5G 市场发展，从国家到地方都在为 5G 发展营造更好的市场发展环境。2020 年以来，党中央、国务院在多次会议上提及要加快 5G 网络、数据中心等新型基础设施建设。相关主管部门也积极推动配套政策的制定和完善，工业和信息化部于 2020 年 3 月下发了《关于推动 5G 加快发展的通知》，对于下一步加快 5G 建设及应用、推动产业创新发展、助力经济平稳运行具有重要意义。

持续优化 5G 市场发展环境需要坚持"放管服"改革，降低行业进入壁垒及融合成本，以包容审慎的态度鼓励创新，支持多元市场主体平等进入，培育壮大 5G 产业生态。要进一步加大知识产权保护力度，以激励企业增加 5G 研发投入并积极拓展 5G 新型业务领域。要强化 5G 成果宣传，提高公众对 5G 应用的社会感知度。同时，政府也应当继续发挥引导作用，充分依托 IMT−2020（5G）推进组、5G 相关产业联盟、核心龙头企业及科研机构的产学研用力量，形成强大合力，着力营造优质的市场创新环境，激发 5G 市场创新活力，以进一步促进 5G 产业融合发展。

5G 繁荣发展是全球新一轮科技革命的红利。谋求共同福祉，应对共同挑战，让 5G 技术更好地造福世界是全人类的利益所在。我国坚持共享合作，进一步扩大市场开放，共同分享 5G 发展成果，共迎 5G 国际合作新机遇。中国支持国内企业与各国企业一道，加强科研、标准、商业等方面的合作，平等共商、互惠互利，提升全球供应链的运行效率，共建繁荣发展的开放创新生态。

三、人类通信革命的梦想还在远方

我国移动通信在历经 1G 空白、2G 跟随、3G 突破、4G 同步的跨越式发展，已成为全球 5G 发展的主要力量之一。当前，全球已进入商用部署的关键阶段，将持续赋能工业、农业、交通、能源等各行各业，成为经济社会数字化、网络化、智能化水平提质增速的新引擎。

按照移动通信产业"商用一代、规划一代"的发展规律，随着 5G 商用的启动，业界已经启动了面向下一代移动通信（6G）的研究，全球主要国家已陆续启动了 6G 技术的前期预研，积极探索未来 6G 的演进发展方向。

（一）全球积极探索下一代移动通信技术

随着全球 5G 网络进入商用部署的关键阶段，主要国家已启动 6G 研究，积极探索下一代移动通信发展方向。

根据 3GPP 标准工作计划，第三阶段的 R16 规范已于 2020 年 7 月 3 日宣布冻结，随后的 R17 的预定日期将推迟到 2021 年 12 月。6G 国际标准化工作预计将于 2025 年启动，2020 年 2 月在日内瓦召开的 ITU WP5D 第 34 次会议，初步明确了 6G 的标准工作计划，2020 年启动 6G 技术趋势研发报告的起草，2021 年上半年将启动 6G 愿景需求研究。IEEE 于 2019 年 3 月联合芬兰奥卢大学，在荷兰召开了全球第一届 6G 无线峰会，邀请了工业界和学术界发表对于 6G 的最新见解，探讨实现 6G 愿景需应对的理论和实践挑战，中国电信、华为、中兴通讯、清华大学等我国企业和高校专家受邀参加了此次峰会。

美国联邦通信委员会（FCC）在 2018 年 9 月召开的世界移动通信大会北美峰会上就提出了未来 6G 的三大类关键技术畅想，包括全新频谱（如太赫兹频段）、大规模空间复用技术以及基于区块链的动态频谱共享等技术，并于 2019 年 3 月宣布开放面向未来 6G 网络服务的太赫兹频段（95GHz—3THz），用于 6G 技术试验使用；美国国防高级研究计划局（Defense Advanced Research Projects Agency, DARPA）的联合大学微电子学项目聚焦太赫兹、存储、计算等基础技术研究，旨在解决微电子技术中新兴和现有的挑战。纽约大学等高校正在研究太赫兹高速通信，将使无线、实时接入类人脑的人工智能计算成为可能。

早在 2017 年，欧盟就发起了下一代移动通信技术研发项目征询，并于同年 9 月启动了为期 3 年的基础技术研究项目，包括研究可用于下一代通信网络的纠错编码、先进信道编码及调制等基础技术。欧盟已经启动了面向 2021—2027 年的欧洲地平线（Horizon Europe）项目规划，将聚焦包括下一代网络在内的六大关键技术方向。芬兰奥卢大学牵头成立了"6G 旗舰"项目组（6G Flagship），研究面向 2030 年的 6G 愿景、挑战、应用和技术方案。继 2019 年 3 月奥卢大学与 IEEE 合作召开全球第一届 6G 无线峰会之后，又于 2020 年 3 月召开了第二届 6G 峰会。

日本政府于 2019 财经年度提出 10 亿多日元的预算，用于下一代通信技术预研，并将开发太赫兹技术列为"国家支柱技术十大重点战略目标"之首。2018 年 7 月，日本经济新闻社报道称，NTT 集团已成功开发出了面向后 5G 和 6G 的新技术，一个是轨道角动量技术，另一个是太赫兹通信技术，并搭建试验验证平台开展测试验证，最高传输速率均超过了 100Gbit/s。此外，NTT 集团还宣称与东京工业大学合作，基于磷化铟化合物半导体材料研发出了 6G 太赫兹射频芯片。

韩国政府于 2020 年 1 月初宣布 6G 商用时间表，计划 2028 年在全球率先商用 6G。其国内电信运营商 SK 电讯已与爱立信、诺基亚两家设备制造企业达成战略合作协议，计划共同研发下一代通信技术。此外，三星、LG 电子等企业均成立了 6G 研究中心，开展 6G 基础技术研究，韩国电子通信研究院还与芬兰奥卢大学签署了谅解备忘录，共同开发 6G 网络技术。

为促进我国移动通信产业发展和科技创新的长远发展，工业和信息化部于 2019 年 6 月成立了 IMT—2030 推进组，由中国信息通信研究院牵头，搭建政产学研用交流合作平台，推动制定战略和推进策略、开展 6G 愿景需求、无线技术、网络技术、频谱规划、标准化等多方面研究，并积极推进国际交流与合作。2019 年 11 月，科技部也宣布成立国家 6G 技术研发推进工作组和总体专家组。

（二）6G 愿景展望及关键特征

当前，业界各方已经启动了 6G 的前瞻性研究，各方也提出了一些关于 6G 的畅想，但关于 6G 愿景需求及关键技术远未达到共识，6G 研究尚处于探索的初期阶段。

从 6G 愿景角度来看，5G 将实现从移动互联到万物互联的拓展，6G 将在大幅提升移动通信网络容量和效率的同时，进一步拓展和深化物联网应用的范围和领域，并与人工智能、大数据等 ICT 新技术相结合，服务于智能化社会和生活，实现万物智联，"万物互联始于 5G，蓬勃发展于后 5G"。

面向未来 10 至 20 年，展望以 6G 为代表的新一代移动通信，可能具备以下特征。

一是更强性能。与以往新一代移动通信类似，空口性能指标将实现十到百倍的提升，6G 的峰值传输速率可达 100Gbit/s—1Tbit/s；无线传输时延低至 0.1 毫秒；连接数密度支持 1000 万／平方千米；定位精度室外可达 50 厘米，室内 1 厘米；网络容量将达到 5G 的 1000 倍以上。

二是更加智能。引入人工智能、大数据等技术，使网络中的节点都具备智慧能力，网络建设、运行具有高度智能，网络实现全面的自组织和自优化，面向个人、行业等用户提供高度个性化场景连接的智慧服务，满足精细化要求。

三是更加绿色。在网络性能提升的同时，要降低成本和能耗，提升每比特系统能效十倍甚至百倍，实现能耗的有效控制，打造低碳绿色的社会环境，支撑绿色发展理念，实现可持续发展。

四是更广覆盖。网络覆盖将从陆地扩展到天空甚至海洋，将空间、陆地以及海洋紧密无缝连接，实现全球深度覆盖，形成多层覆盖、多网融合的空天地一体化通信网络，未来的移动网络覆盖将像阳光空气一样无所不在。

五是更加安全。通过物理信号设计、架构设计、协议设计以及区块链、量子通信等技术的应用，确保网络安全，提高通信可靠性和信息安全。

六是开源开放。6G 网络将实现去中心化和扁平化，核心网设备和终端产品将实现平台化、软件化、IP 化、开源化，将构建更加开放、公平的产业生态环境。

相信 6G 将成为构筑智能社会的新型基础设施，在全面支撑传统基础设施智能化升级的同时，进一步缩小地域间数字鸿沟、拓展公共服务覆盖面、提升社会治理精细化水平，为构筑智能社会提供有力保障。

（三）展望明天，为梦想插上创新和奋斗的翅膀

从 1G 模拟通信到如今 5G 万物互联，每一代移动通信技术的演进升级都需要以发散思维去构想、以创新意识去布局、以开拓精

神去实现。5G 商用发展方兴未艾，对于 6G 愿景与需求的探索才刚刚开始。6G 发展不仅需要对技术和产品的持续突破革新，更需要对服务和商业模式的不断创新优化。

未来已来，机遇与挑战兼具，前路任重而道远。必须加快步伐，奋勇前进！6G 时代，中国将组织信息通信产业优势资源力量，一方面，从新需求探索、新技术研发、新材料研制、新产品开发等维度持续加大投入，联合产学研协力开拓创新；另一方面，从技术研究、标准研制、产业研发、生态培育等方面不断优化发展路径，扎实稳步推进。

我们相信，6G 将持续为推动我国产业更深层次转型升级、促进经济更高质量发展、构筑智能经济社会注入强大动力，继续谱写数字经济宏伟蓝图。让我们以更加开放、创新、共享的姿态积极拥抱 5G 及 6G 时代，牢牢把握这新一轮科技革命和产业变革带来的历史机遇，锐意进取、积极作为、合作共赢，携手共创新一代移动通信的美好未来！

附　录
缩略语简表

英文缩写	英文全称	中文解释
3GPP	The 3rd Generation Partnership Project	第三代合作伙伴计划
3GPP2	The 3rd Generation Partnership Project 2	第三代合作伙伴计划 2
5G	The 5th Generation Wireless Communication Technology	第五代移动通信技术
AAU	Active Antenna Unit	有源天线单元
ADAS	Advanced Driver Assistance System	高级辅助驾驶系统
AGV	Automated Guided Vehicle	自动导引运输车
AI	Artificial Intelligence	人工智能
AMPS	Advanced Mobile Phone System	高级移动电话系统

续表

英文缩写	英文全称	中文解释
API	Application Programming Interface	应用程序编程接口
AR	Augmented Reality	增强现实
AT&T	American Telephone and Telegraph	美国电话电报公司
AVP	Automated Valet Parking	自动代客泊车
BBU	Baseband Unit	基带处理单元
CDMA	Code-Division Multiple Access	码分多址
CDN	Content Delivery Network	内容分发网络
CPE	Customer Premise Equipment	用户驻地设备
CU	Central Unit	集中单元
D2D	Device-to-Device	设备到设备
DARPA	Defense Advanced Research Projects Agency	美国国防高级研究计划局
DU	Distributed Unit	分布单元
EDGE	Enhanced Data Rates for GSM Evolution	GSM 增强数据率演进
eMBB	enhanced Mobile Broadband	增强移动宽带
eMTC	enhanced Machine Type Communication	增强机器类通信

续表

英文缩写	英文全称	中文解释
EPC	Evolved Packet Core	演进的分组核心网
ETSI	European Telecommunications Standards Institute	欧洲电信标准化协会
FCC	Federal Communications Commission	美国联邦通信委员会
FDD	Frequency Division Duplexing	频分双工
FDMA	Frequency Division Multiple Access	频分多址
Gbit/s	Gigabit per second	吉比特每秒
GPRS	General Packet Radio Service	通用分组无线服务
GPU	Graphics Processing Unit	图形处理器
GSA	Global Mobile Suppliers Association	全球移动设备供应商协会
GSM	Global System for Mobile Communications	全球移动通信系统
IaaS	Infrastructure as a Service	基础设施即服务
ICT	Information and Communications Technology	信息通信技术
IEEE	Institute of Electrical and Electronics Engineers	美国电气电子工程师学会
ITU	International Telecommunication Union	国际电信联盟

英文缩写	英文全称	中文解释
ITU-R	ITU-Radio Communications Sector	国际电信联盟无线电通信部门
IoT	Internet of Things	物联网
IP	Internet Protocol	互联网协议
LDPC	Low-Density Parity-Check Code	低密度奇偶检查码
LTE	Long Term Evolution	长期演进
LTE-Advanced	Long Term Evolution-Advanced	长期演进—增强
Mbit/s	Megabit per second	兆比特每秒
MEC	Multi-Access Edge Computing	多接入边缘计算
mMTC	massive Machine Type Communication	海量机器类通信
MIMO	Multiple Input Multiple Output	多输入多输出
MSIT	Korea Ministry of Science and ICT	韩国科学和信息通信技术部
NaaS	Network as a Service	网络即服务
NB-IoT	Narrow Band IoT	窄带物联网
NFV	Network Function Virtualization	网络功能虚拟化
NSA	Non Standalone	非独立组网

英文缩写	英文全称	中文解释
NMT	Nordic Mobile Telephone	北欧移动电话系统
NTT	Nippon Telegraph and Telephone Corporation	日本电信电话株式会社
OFDM	Orthogonal Frequency Division Multiplexing	正交频分复用
OTSA	Open Trial Specification Alliance	公开试验规范联盟
PaaS	Platform as a Service	平台即服务
PDU	Protocol Data Unit	协议数据单元
PHY	Physical Layer	物理层
PTN	Packet Transport Network	分组传送网
RRU	Remote Radio Unit	远端射频单元
SaaS	Software as a Service	软件即服务
SA	Standalone	独立组网
SBA	Service-based Architecture	服务化架构
SCDMA	Synchronous Code Division Multiple Access	同步码分多址
SDN	Software Defined Networking	软件定义网络
SEP	Standards Essential Patent	标准必要专利

英文缩写	英文全称	中文解释
TACS	Total Access Communications System	全接入通信系统
Tbit/s	Terabit per second	太比特每秒
TCP	Transmission Control Protocol	传输控制协议
TDD	Time Division Duplexing	时分双工
TDMA	Time Division Multiple Access	时分多址
TD-SCD-MA	Time Division-Synchronous Code Division Multiple Access	时分同步码分多址
TD-LTE	Time Division-Long Term Evolution	时分长期演进
UHD	Ultra High Definition	超高清
uRLLC	ultra-Reliable and Low Latency Communications	超高可靠低时延通信
UMB	Ultra-Mobile Broadband	超移动宽带
VHF	Very High Frequency	甚高频
VR	Virtual Reality	虚拟现实
VRPC	Virtual Reality Promotion Committee	虚拟现实产业推进会
V2I	Vehicle-to-Infrastructure	车辆与基础设施间的无线通信

续表

英文缩写	英文全称	中文解释
V2V	Vehicle-to-Vehicle	车辆与车辆间的无线通信
V2X	Vehicle to Everything	车联网的无线通信技术
WCDMA	Wideband Code Division Multiple Access	宽带码分多址
Wi-Fi	Wireless Fidelity	基于 IEEE 802.11 标准的无线局域网
WiMAX	Worldwide Interoperability for Microwave Access	全球微波互联接入
XR	Extended Reality	扩展现实

主要参考文献

1. 中国政府网：http://www.gov.cn/。

2. 工业和信息化部网站：http://www.miit.gov.cn/。

3. 国家发展和改革委员会网站：https://www.ndrc.gov.cn/。

4. 中共中央网络安全和信息化委员会办公室网站：http://www.cac.gov.cn/。

5. 国家统计局网站：http://www.stats.gov.cn/。

6. 中国信息通信研究院网站：http://www.caict.ac.cn/。

7. 习近平：《决胜全面建成小康社会 夺取新时代中国特色社会主义伟大胜利——在中国共产党第十九次全国代表大会上的报告》，人民出版社 2017 年版。

8.《党的十九大报告辅导读本》，人民出版社 2017 年版。

9. 李克强：《在国家科学技术奖励大会上的讲话》，2020 年 1 月，见 http://www.gov.cn/xinwen/2017-01/09/content_5158191.htm，访问时间：2020 年 6 月 19 日。

10. 中共中央、国务院：《中共中央国务院关于深化体制机制改革加快实施创新驱动发展战略的若干意见》，2015 年 3 月，见 http://www. gov. cn/xinwen/2015-03/23/content_2837629. htm，访问时间：2020 年 6 月 19 日。

11. 中共中央办公厅、国务院办公厅：《国家信息化发展战略纲要》，2016 年 7 月，见 http://www. gov. cn/xinwen/2016-07/27/content_5095297. htm，访问时间：2020 年 6 月 19 日。

12. 国务院：《"十三五"国家信息化规划》，2016 年 12 月，见 http://www. gov. cn/zhengce/content/2016-12/27/content_5153411. htm，访问时间：2020 年 6 月 19 日。

13. 刘鹤：《智能产业正成为重要的新经济增长点》，2019 年 8 月，见 http://www.qstheory.cn/zdwz/2019-08/26/c_1124922005.htm，访问时间：2020 年 9 月 25 日。

14. 工业和信息化部：《信息通信行业发展规划（2016—2020 年)》，2016 年 12 月，见 http://www. miit. gov. cn/n1146285/n1146352/n3054355/n3057267/n3057273/c5465134/content. html，访问时间：2020 年 6 月 19 日。

15. 工业和信息化部：《关于推动 5G 加快发展的通知》，2020 年 3 月，见 http://www. gov. cn/zhengce/zhengceku/2020-03/25/content_5495201. htm，访问时间：2020 年 6 月 19 日。

16. 肖亚庆：《充分发挥市场监管职能作用　更好服务疫情防控和经济社会发展大局》，《求是》2020 年 6 月 16 日。

17. 苗圩：《加强核心技术攻关 推动制造业高质量发展》，《求是》2018 年 7 月 16 日。

18. 刘烈宏：《深化电信基础设施共建共享 促进"5G+"融合应用创

新》，2020 年 7 月 23 日，见 http://finance.people.com.cn/n1/2020/0723/ c1004-31795633.html，访问时间：2020 年 8 月 13 日。

19. 陈肇雄：《信息通信业：通达全国 连接世界》，《光明日报》2019 年 9 月 21 日。

20. IMT—2020(5G) 推进组：《5G 愿景与需求白皮书》，2014 年 5 月， 见 http://www. imt2020. org. cn/zh/documents/1?currentPage=3&content=，访问时间：2020 年 6 月 19 日。

21. 中国信息通信研究院：《5G 经济社会影响白皮书》，2017 年 6 月， 见 http://www. caict. ac. cn/xwdt/ynxw/201804/t20180426_157297. htm，访问时间：2020 年 6 月 19 日。

22. 王志勤：《中国信通院解读"关于推动 5G 加快发展的通知"》， 2020 年 3 月， 见 http://www.wicwuzhen.cn/web19/news/network/20。2003/t20200326_11819151.shtml，访问时间：2020 年 9 月 25 日。

23. 刘铁志：《推动 5G 高质量发展，加快培育新动能——"关于推动 5G 加快发展的通知"解读》，2020 年 3 月， 见 http://www. wicwuzhen.cn/web19/news/network/202003/t20200326_11819170. shtml，访问时间：2020 年 9 月 25 日。

24. IMT—2020(5G) 推进组：《5G 无人机应用白皮书》，2018 年 9 月， 见 http://www. imt2020. org. cn/zh/documents/1?currentPage=1&content=，访问时间：2020 年 6 月 19 日。

25. 中国信息通信研究院、上海诺基亚贝尔等：《5G 云化虚拟现实白 皮书》，2019 年 7 月， 见 https://tech. china. com/article/20191205/ kejiyuan0129425137.html ，访问时间：2020 年 6 月 19 日。

26. 中国信息通信研究院、IMT—2020（5G）推进组：《"绽放杯"5G 应用征集大赛白皮书》，2018 年 6 月， 见 http://www. caict. ac. cn/

kxyj/qwfb/bps/201806/t20180621_174514.htm，访问时间：2020 年
6 月 19 日。

27. GSMA、中国信息通信研究院等：《中国 5G 垂直行业应用案例
（2020）》，2020 年 3 月，见 https://www. thepaper. cn/newsDetail_
forward_6741356，访问时间：2020 年 6 月 19 日。

28. 李正茂等：《5G+：5G 如何改变社会》，中信出版社 2019 年版。

29. 邵素宏等：《智联天下：移动通信改变中国》，人民邮电出版社
2019 年版。

30. 中国信息通信研究院、IMT-2020（5G）推进组和 5G 应用产业
方阵（5GAIA）：《5G 应用创新发展白皮书——2019 年第二届"绽
放杯"5G 应用征集大赛洞察》，2019 年 11 月 1 日，见 https://
www.caict.ac.cn/kxyj/qwfb/bps/201911/t20191102_268741.htm，访
问时间：2020 年 6 月 19 日。

31. 中国信息通信研究院：《虚拟（增强）现实白皮书（2018 年）》，
2019 年 1 月，见 https://m. caict. ac. cn/yjcg/201901/t20190123_193611.
html，访问时间：2020 年 6 月 19 日。

32. 中国信息通信研究院：《5G 新媒体行业白皮书》，2019 年 7 月，
见 https://www. caict. ac. cn/kxyj/qwfb/bps/201907/t20190717_203410.
htm，访问时间：2020 年 6 月 19 日。

33. 5G 应用仓库网站：https://www. appstore5g. cn。

后　记

　　5G 作为一项重大革命性、赋能型信息通信技术，其作用范畴已经超越了单纯的移动通信范畴，正在成为引领科技创新突破、实现民生福祉普惠、推动产业转型升级与数字社会建设的关键动力。加快 5G 发展，对于我国加快网络强国和制造强国建设、构建现代化产业体系、推动经济高质量发展意义重大。

　　当前，全球 5G 商用已全面启航，社会各界对 5G 寄予厚望，围绕 5G 编写一本适合领导干部和广大民众阅读的科普性读物势在必行。在工业和信息化部信息通信发展司大力指导下，成立了以刘多院长为主任，涵盖多位产业界和学术界的权威专家的编委会，其间对书稿内容进行严格的审阅把关；写作组由王志勤副院长担任组长，进行了书籍策划和全程指导编写；史德年副总工程师，政策与经济研究所辛勇飞所长、何伟副所长进行了具体组织工作，写作组成员由 IMT-2020(5G) 推进组核心成员及中国信息通信研究院相关领域专家组成。

　　全书由前言和九个章节构成。前言和第 1 章是对当前所处经济发展背景和 5G 发展情况的总体概述，由胡昌军总体负责；第 2、3 两章主要阐述什么是 5G，对移动通信的历史发展脉络、5G 技术框架及标准化演进路线进行了介绍，由魏克军总体负责；第 4、5 两章主要分析 5G 的全球发展战略及产业链发展现状，由魏克军、王骏成分别总体负责；第 6、7 和 8 章对 5G 在推动经济高质量发展、改善民生福祉、提升政府服务能力等方面的广泛应用和重大意义作了详细阐释，由李珊、张春明、陈才分别总体负责；最后，第 9 章对未来 5G 对经济社会发展的机遇及挑战做了深入思考，并对后 5G 时代可持续发展蓝图作了美好畅想，由韩凯峰总体负责。

　　此外，刘铁志、金夏夏对全书进行了总体统稿修改。汪卫国、杨红梅、刘小林、杜加懂、王亦菲、闻立群、陈曦、葛雨明、任海英、李泽捷、周旗、刘晓峰、周兰、邸绍岩、丛瑛瑛、鲁长恺、张竞涛、张天静、马聪、王琦、侯伟彬、周洁、胡可臻、宫政、张佳宁、韦柳融、刘杰、黄璜、胡时阳、侯文竹、王雪梅等参与了各章的撰写工作。人民邮电出版社学术出版中心王威总经理进行了审校指导，汤辰敏、杨凌、赵霞、刘媛媛、黄涂半特、龚达宁、詹远志、张杰、张芳纯、付江等进行了全书的校稿修订工作。很多业内企业、专家也提供了大量的案例、数据及建议，未能一一列举，在此一并致谢。书中难免有疏漏不当之处，敬请读者批评指正！我们欢迎各方持续关注我国移动通信事业发展，并提出宝贵建议、共献智慧。

本书写作组
2020 年 9 月

策　　划：蒋茂凝

责任编辑：曹　春　吴广庆

封面设计：汪　莹

图书在版编目（CIP）数据

5G 干部读本／中国信息通信研究院 编写 . —北京：人民出版社，
人民邮电出版社，2020.10

ISBN 978－7－01－022030－7

I. ① 5…　II. ①中…　III. ①无线电通信－移动通信－通信技术－
干部教育－学习参考资料　IV. ① TN929.5

中国版本图书馆 CIP 数据核字（2020）第 060815 号

5G 干部读本
5G GANBU DUBEN

中国信息通信研究院　编写

人 民 出 版 社
人民邮电出版社　出版发行
POSTS & TELECOM PRESS

（100706　北京市东城区隆福寺街 99 号）

北京盛通印刷股份有限公司印刷　新华书店经销

2020 年 10 月第 1 版　2020 年 10 月北京第 1 次印刷

开本：710 毫米 ×1000 毫米 1/16　印张：17

字数：216 千字

ISBN 978－7－01－022030－7　定价：68.00 元

邮购地址 100706　北京市东城区隆福寺街 99 号

人民东方图书销售中心　电话（010）65250042　65289539